心止不

林一芙

著

生活有点难，
但你很可爱

北京日报出版社

图书在版编目（CIP）数据

停止不开心 ： 生活有点难，但你很可爱 / 林一芙
著 . -- 北京 ： 北京日报出版社，2022.8
ISBN 978-7-5477-4180-1

Ⅰ . ①停… Ⅱ . ①林… Ⅲ . ①女性—成功心
理—通俗读物 Ⅳ . ① B848.4-49

中国版本图书馆 CIP 数据核字（2021）第 281573 号

停止不开心：生活有点难，但你很可爱

出版发行：北京日报出版社
地　　址：北京市东城区东单三条 8-16 号东方广场东配楼四层
邮　　编：100005
电　　话：发行部：（010）65255876
　　　　　总编室：（010）65252135
印　　刷：运河（唐山）印务有限公司
经　　销：各地新华书店
版　　次：2022 年 8 月第 1 版
　　　　　2022 年 8 月第 1 次印刷
开　　本：880 毫米 × 1230 毫米　　　1/32
印　　张：7.75
字　　数：180 千字
定　　价：45.00 元

人生短短，欢喜就好

1.

身为一个福建人，虽然我不会说闽南话，但从小到大听过不少闽南语歌。

我很喜欢的一首闽南语歌叫《欢喜就好》，歌词里有一句，音译过来是"人生海海，甘需要拢了解；人生短短，好像在七逃"。意思是人的一生很漫长，不需要每件事都理解得清清楚楚；而人的一生又很短暂，当成一场游玩就好。

由于闽南人在历史上曾大范围地远渡重洋，闽南语歌里常常唱的是离别苦、相思忧，唱的是命途坎坷而前路无继。

背井离乡的人肩扛着照顾一家老小的重担，面对迎面而来的疾风劲雨，最终悟出来：要想活得有意义，首先要放弃追求活着的意义，"欢喜就好"。

2.

网络上曾出现过一个引起热议的问题：为什么大家喜欢把25

岁作为人生的一个分水岭？

有一条评论是这样说的：

以前看着别人的工资条，想着熬夜拼命也要超过他；现在却开始意识到拥有健康的身体、喜欢的事业、珍爱的家人，要做的只是超越从前的自己。

以前觉得一刻也不停下来才是充实；现在发现原来静静地看一本书，不需要跟随外界的声音，内心也可以平静充实。

这种所谓的"25 岁效应"实际上指的并不是生理年龄，而是一种心态的成熟。

成熟不是去掩饰委屈，打碎牙齿和血吞，而是无论面对什么样的境况都告诉自己："我接纳自己的不完美。想哭就哭吧，哭完继续走，说不定明天就会遇见转机。"

就像过尽千帆后，写出"欢喜就好"的前人们那样。成长就是你放弃了和生活斤斤计较，不再浪费口舌去抱怨和愤怒，只是暗暗地铆足力气去和生活交手。

"人生海海，甘需要拢了解"，很多事情，不必细究，笑一笑，埋头去做就是了。

3.

写作对我来说是与身边的声音和解的一个过程。所以这么多年来，我始终喜欢观察和叙写普通人的平凡生活，也一直坚信普通人的生活范本更有参考意义。

我喜欢普通人挑战生活的勇气，也喜欢他们和生活和解那一刻的如释重负。

我们都曾以为到了某个年纪就能轻松逃避生活的束缚。可人就像在舞台上表演的提线木偶，生活在某一瞬间松掉绑在你腿上的绳索，可能下一秒就会拉紧绑在你手腕上的绳索。想要没有绳索捆绑，只能等到彻底躺平、离开舞台的那一天。

那些被生活的绳索拖拽着，却依然舞得恣意、唱得欢喜的人，在我看来是最值得敬佩的。

所以我想把他们的故事说给你听，也同时衷心祝福你：人生海海，一切尽兴；人生短短，欢喜就好。

林一芙

2022 年于福州

Chapter 1　　**在现实的生活中，机智地活着**

Chapter 2　　**缘何努力，不过是因爱而起**

Chapter 1

在现实的生活中，
机智地活着

优雅的人，总会在尘土里找到星星

在医院实习的时候，我们这群初出象牙塔的女孩经常讨论"未来想要成为谁"的话题。

每个人都说自己老了想要活成世人口中那些"终身优雅"的女明星。荧幕上的人离我们太远，如果在身边找一个榜样的话，我们都想活成 11 区的护士长。

11 区是妇科三区，专门收治乳腺恶性肿瘤的化疗患者。11 区护士长每天都化着淡妆，步子也总是很轻快，但我们都形容她仿佛在背后长了眼睛，哪一床最近呕吐，哪一床需要及时翻身，她都了如指掌。

在医院里，实习生和正式员工总归是有分别的，但在 11 区护士长眼中无差别，她在走廊上见到我们，总会热情地用本地话问候我们"阿妹丫，食饭未"。要是你回答没有，她一定会把你拉去，围桌吃一顿她精心准备的泥鳅炒粉干或是排骨泡面。她每次煮完饭，灶台连一滴汤汁都没有，非常干净——或者说，比之前更干净。

11 区护士长是我在整个医院见过的最干净整洁的人。粗心的实习生有时会将换药的纱布、胶带落在桌子上，她路过时都会细心地将它们收起来；夜班室床上的被套，她三天一换，床前不到半米的窄桌，逐个排列着夜班人员的盥洗工具；其他科室的护士长不想费心教育频繁换科室的实习生，唯独她每次都神情严肃地要求他们"做事不仅要做完，还要做得用心、漂亮"。

11 区护士长最特别的一点，是每次在给病人化疗前都要叮嘱病人家属给病人准备好假发和宽檐帽。

妇科病房里住的都是女性，其他病区的护士也会建议家属给病人准备假发和帽子，但都只是随口提醒，唯有 11 区护士长对这件事格外上心。

有些家属觉得准备假发和帽子没必要，不愿意多花这份钱。她私下里苦口婆心地劝："假发和帽子在街角拐弯口的小店里就能买齐。你们千万记得，要陪着病人去，别不耐烦，陪她挑一顶称心的。生病前都是体体面面的姑娘，不能因为生病了，就让她觉得生活黯淡无光，得学着给生活添点念想。"

这在别人看来是小事，在护士长看来却是大事。

就因为这样，11 区的愁云惨雾比起其他化疗的科室要少一些。

病人们涂点腮红盖住蜡黄面色，抹点口红遮上惨白唇色，昂首挺胸地走出 11 区，依然是个头发油亮的美人儿。

护士长的丈夫在机关单位工作，经常加班见不到人。在情人节那天，护士长收到丈夫送的 99 朵玫瑰，因此她被我们打趣称"红玫瑰小姐"。

但这美满的婚姻却在我们实习的那一年戛然而止。

那一年的某天，护士长的丈夫在上班路上突然感觉到胸痛，不久就陷入昏厥，他的同事第一时间将他送入医院，却已回天乏术。

我们医院在城北，护士长的丈夫在城南的医院抢救。在那个有着熟悉的器械但环境却完全陌生的急救室里，她送走了自己正值壮年的丈夫。

休息了几天，护士长就重新回来上班了。上总务班的时候，她一上午都在处理表格，等她处理完从办公室里出来时眼睛都是通红的，但仍然清了清嗓子，沉稳地交代下一周的排班。

她依然每天化好淡妆，步步生风地行走在病区里。

那时候我们病区的 13 床病人，因为化疗反应凶猛，每天自怨自艾，觉得日子走到头了。

"啥错事都没干，咋就得了这个病呢？"她每哭一次都要闹一次，拒服药、拔针头，甚至擅自离院。

护士长每次去给 13 床输液时都会抽空和她聊上几句。这不是她的分内事，却被她当成责任一样日日践行。

"我们这儿过去也接过一个病人，和你一样的病况，前几天还回来医院看我，能走能跳的，还给我带了一箱她自家种的梨呢。"

她一边笑，一边转移着话题："改天我把梨给你拿来，叫你爱人榨汁，汁多还甜。人越是生病啊，就越该吃点甜的，否则嘴里太苦。"

隔天去病房一看，床头柜上果然有两个又白又大的梨。可我们都知道，那几天根本没有什么"老患者"来送过梨。

人生实苦，她是自己嚼着苦瓜，还能送糖给过客的人。

我经常看到护士长和病人说话时带着笑，只有一次例外。

那一次，她劝13床说："凡事要往好处想，您这算是好了，将什么事都交代了，我先生走得突然，一句话也没说啊，可是日子总得过啊……"眼底里是无尽的遗憾。

没过多久，护士长听说本地有些医院开始和省红十字会合作办心肺复苏培训班，免费向社会人士普及急救知识。

护士长东奔西走，大费周章地找来昔日同窗牵桥搭线，终于在本院办起了培训班。培训班是利用医务人员的业余时间，但她几乎场场都参与。来上培训班的都是一些对心肺复苏感兴趣的人，几乎全是零基础，她不厌其烦地演示步骤，一遍又一遍地纠正每个人的动作。

我曾经陪护士长去过一次教学现场，那些连接受过专业训练的男同事做上几分钟都会大汗淋漓的动作，她重复做了多次，每次都不敷衍：确定体征，清理口腔异物，胸外按压，人工呼吸……

我不知道，她在做心肺复苏的时候，有没有那么一刻，幻想自己回到了丈夫倒下的现场，一步一步将丈夫从死神手里拽回来。可是，医务工作者的天职是要和死神赛跑，即使追不回自己的丈夫，也要从死神的手上再拽下一些幸运的人。

心肺复苏班举行结业典礼的那天，护士长作为代表上台讲话。

她穿着洁白制服，领结熨烫得一丝不苟，语气平淡地讲述了自己的生活。

人在失去至亲的那一刻往往是没有感觉的，真正让人有所察觉的，是在一天的忙碌后，突然看到微风吹起门外的爬山虎，听到抽油烟机如常发出"嗡嗡嗡"的声音时，自己身旁却少了昔日的那个人。这迟钝的痛感来得漫长又深刻，突如其来地紧紧揪着她。

她在医院里看见患了绝症的病人临走之前和家人告别，而她自己与丈夫之间，好像少了一场仪式。她觉得是时候给自己的爱人办一场真正的告别仪式——培训班就是她选择的告别方式。

曾经的我，以为优雅是人生的一道附加题，必须在前卷全部答对的情况下才有能力做。或者说，优雅像是一株稀有植物，必须在生活无虞、物质丰富的土壤里才能长出来。在逆境里的人们，可以理所当然地放弃自己的优雅姿态，俯身跪天地，宁为一蜉蝣。

但自始至终，我没有看到过护士长狼狈的样子。生活要毁灭她，她却回复生活一个依然优雅的背影。

没有人强求她在大灾大难后仍要保持体面，哪怕她突然大哭一场，哪怕她无心工作，也能得到所有人的谅解。

大家都体贴地准备着接受她的崩溃，给她以安慰，但她那一份真正的体面优雅，是偏要用更好的自己作为苦难的注解。

"蒲柳之姿，望秋而落。松柏之质，经霜弥茂。"

即便你

正在挣扎

也绝不意味着

你已经倒下

小时候读《飘》，我最喜欢的一段是，家徒四壁的斯嘉丽为了不让庄园被抢走，去向白瑞德借钱。她把唯一值钱的绿窗帘扯下来，做成了一条绿色天鹅绒的裙子。我太喜欢这个细节了——在尘土里摔了个大马趴，下一秒拍拍屁股，抹干净脸，欢欢喜喜地从头来过。

人们给"度一切苦厄"下过很多定义，似乎只有最坚强、最有能力的人才能在大风大浪中安然无恙。所以我们常对生活咆哮，企图以暴制暴，但下一场暴风雨依然会袭来。

而优雅的人，总会在尘土里找到星星。

世人们嘲笑星星无用，毕竟它不是渡船，不能将人安全载到彼岸。但，没有渡船的时候，有颗星星也很好。至少，它在天上闪耀着，告诉你该往哪里走。

人类的悲欢并不相通

在大学的时候，我上过一年的播音主持课。

印象最深的一节课是老师让我们讨论，如果主持人在台上被拖尾的礼服裙绊住跌倒要怎么办。

讲台下的我们众说纷纭。有人认为要注意摔下的造型，开玩笑说要在地上凹个造型再站起来。

也有人选择"抖机灵"，以"在场的人太热情，我被你们的热情倾倒了""声浪都把我撂倒了""这个舞台多么亲近啊"之类的话化解尴尬。

老师面带微笑听完了大家的讨论，然后给出了她的经验之谈："最好的方式是你别做多余的事，一个人默默站起来，把裙子拉平整，头发整理好，一句话都不要说。"

我们都觉得诧异，认为老师是在敷衍了事。"别做多余的事"这么简单的道理我们还需要老师来教吗？

老师不慌不忙地解释："且不说需要穿拖尾礼服的场合是正式场合，那些插科打诨并不合时宜。更重要的是，当你花了很多时间去想怎么才能在大家的眼里保持形象，很可能就打乱了自己做事的节奏。哪怕你补救得再完美，陌生人都没有必要给你的挫折报以掌声。只有你默默地站起来，像什么事情都没发生一样，才能保证之后的流程按照既定计划走下去。"

如今年岁渐长，我才开始明白，原来在遇到人生的难堪之时，"别做多余的事""别与他人耗费多余的口舌"就是保持自我节奏的最好方法。一个人扛过挫折，日后反而会更轻松。

鲁迅在《而已集·小杂感》里写道："楼下一个男人病得要死，那间壁的一家唱着留声机，对面是弄孩子。楼上有两人狂笑；还有打牌声。河中的船上有女人哭着她死去的母亲。人类的悲欢并不相通，我只觉得他们吵闹。"

人真的是一种充满惰性和依赖性的动物，越期待安慰，痊愈得越慢。就算痛下了无数次决心，仍期待着有人能够轻而易举地伸手将自己从深渊中拉出来。

我们期待外力更胜过于期待内力，因为培养内力是个太过于漫长的过程，而外力可能只需要别人的一次"顺手"。

其实，人生中最痛苦的日子从来都不是被别人安慰过来的。

我曾经和一个朋友一起聊过自己最艰难的日子。

还记得高考考砸了的时候，我一度觉得自己的人生完蛋了。但真正释怀这件事其实是在很久以后，当我带着行李离开宿舍的那一刻，锁头"咔嗒"一声落下。看着眼前的校园，我突然觉得自己似乎并没有那么恨了。

那时候我火急火燎地找到了自己喜欢的工作，未来是一片看得见的晴朗天空，让我不由得和校园挥手道再见："谢谢你陪我走过这一段日子。"

当然，我的经历比起朋友的完全是小巫见大巫。

她毕业到了陌生的城市工作，朋友们全在家乡。孤身一人的夜里，突然听闻从小最疼爱她的爷爷病危。

那天晚上，她买了最近的一班火车回家。在车厢里，家人发来信息：爷爷去世了。

她哭不出来，茫然地在火车上踱步。

"我从人群中走过，四面八方都是擦肩而过的人，他们叽叽喳喳的声音都像是炫耀着自己的人生有多美好。"她这样形容自己当时的感觉。

她说自己的释怀是通过无数次的怀念。她写了很多关于爷爷的文字，这些文字让她心安，让她再也不怕"有一天我会把爷爷忘掉"。

那时候我们身边都有很多劝说我们的人，我们心怀感激却清楚劝解收效甚微。

世界上没有被安慰出来的"想开"，只有随着时间推移，开始觉得继续苦痛也毫无意义，或是自己努力将生活扳回自己想走的轨道。

我们都在很久以后，接受了不能改变的现实，改变着可以被改变的——这大概也是所有艰难时刻的共同归宿。很多时候困难对人的打击，只是在它发生的那一刻，若那一刻能够站起来，就永远站起来了。

人如同初生之树的枝丫，之所以能朝着不同的方向成长，是因为每个人所经历的艰难时刻都不一样：

曾经因为显山露水被打击过，未来就会渐趋收敛。

曾经因为内敛害羞而被人忽视的，就会在接下来的岁月里学着做一个放心大胆的人。

我并不想劝你、哄你或是鼓励你站起来。倘若我把你扶起来，再塞给你一把糖，那你永远不会知道自己在站起来的过程中会得到什么。

我曾经希望自己在抱怨"我把这件事情搞砸了"的同时，有一个人向我哭奔而来说他也一样。可后来我想明白了，与其想着拉全世界下水，不如一个人扑腾挣扎，勉勉强强地探出头来。

也许这一次之后，你就彻底学会了游泳，可以自在畅游于漫漫生活之海。

熬过的辛苦，都是人生的勋章

1.

我认识一个姑娘，她的父亲早年出国，在国外居住了多年，终于拿到绿卡。此时，她的母亲得以出国与丈夫团聚。而她留在国内，等着父母来接她。

然而，日复一日，她最先等到的不是父母带她出国的消息，而是母亲在电话里欢快地告诉 7 岁的她："你马上就要有个小弟弟了。"

新生命的诞生，让所有人忽略了她也是个需要父母疼爱的小孩子。

此后一年多，她去了国外父母的家，摸着崭新的家具，看着像陌生人一般的父亲，才发现自己成了这个家的客人。

语言于她更是一个问题。她连自我介绍都磕磕巴巴，更别谈听得懂上课内容。

幸好老师温和，对于教育她这样的小移民也颇有经验，给了她一支笔，让她尽情涂涂画画。

可能是因为太寂寞吧，她画着画着竟然渐渐画出些感触来。起笔落笔之间，她的画已然有了栩栩如生的形象。

她顿时觉得人生似乎也并没有那么寂寥，夜深人静时，也有画在和她对语。

2.

一个小镇少女，梦想着要写书。

2008 年的时候，她 16 岁，是个被所有人说成"没有前途"的中专生。

她拿着每天的餐费泡网吧，几乎在所有的文学门户网站都更新了作品。

一时出书无门，她又在论坛里持续写帖子，只要有网络编辑愿意推荐，从家庭琐事、学习心得、八卦杂谈到鬼神怪谈，她都写。终于功夫不负有心人，北京的一家出版社联系她签约。

一本合集，版税不高，却终于可以如愿变成铅字。

在 16 岁那年，她第一次来到北京。

在北京的第一顿饭是在桥头吃的麻辣烫，在北京睡的第一觉是在肯德基。

姑娘特别绝望地想要回家：北京的夜还真是热闹，有这么多无家可归、无处可居的人们，一定也不是什么好混的地方！

深夜里，她枕着一个行李袋，蒙蒙眬眬中觉得有人伸手想要掏她的包，就伸过手拽了他一把。

结果一睁眼，发现是肯德基的店员。店员看上去很年轻，也就 20 来岁，递给她一杯可乐，问她要不要喝。

后来，姑娘一直会想起那个店员。

即使她早已记不起他的样子，千思万念，不过是在平凡世界遇到的一个好心的普通人。

但那时候，姑娘就这么酸了鼻头，觉得未来的日子突然有了盼头。

3.

第一个姑娘和我同龄，目前在世界五百强的金融公司工作。上次她回国时，发了个小视频。她带着一拨老外同事谈笑风生，说着流利的英语，纤腰翘臀，全身都透露着优异"ABC"的质感。

我们约在家里见面。我爸妈做了些普通的家常菜，她直夸"好吃"。就算用最苛刻的中国传统观念来评价，也是明理得体、落落大方。说实话，有一瞬间，我感觉自己带着这个回头率超百分之两百的朋友一起逛街太有压力了。

第二个姑娘迄今已经举办了十多次新书发布会，凭着丰富资历，成为我们作者圈里最年轻的"前辈"。如雪片般纷至沓来的图书合同，让她已不再需要将写作当成谋生的工具，随时可以写自己中意的题材。

我去过她最近的一次新书发布会。发布会上人头攒动，证明她笔下的小世界被越来越多人认可和喜欢着。

会上，有读者向她请教这些年笔耕不辍的经验，于是她再次提起了 2008 年的肯德基。

她感慨，经历了初到北京的那一夜，熬夜写稿有些浮躁的时候，脑海里就仿佛有个声音在提醒着："熬过去，一定会发生一些意料之外的好事。"

果然是这样，熬过去，一切都不一样了。

我不想写鸡汤，但这就是"别人家孩子"现在的样子。

4.

我不知道你现在经历着怎样的辛苦，挑灯夜战或是忙于生计。

到了某个年纪后，再看人生，其实是没有"巅峰"可言的，有的只是七起八落、五味杂陈。

我们总说生命需要仪式感，可苦难和成功总是不伴着仪式而来。恰恰相反，当你回望人生，所有转折都发生在当下看来平平常常的一日里。

记得曾经有一期节目，岳云鹏寻找一个十多年前帮助他的姐姐。那时他在饭店打工，因为犯错被开除。一个同在饭店打工的大学生姐姐带他四处找工作，还从学校里给他带来棉被。

岳云鹏说，没有这个姐姐，就没有后来叱咤相声舞台的"小岳岳"。

现在，人们谈起岳云鹏并不觉得他像一个只存在于媒体上的单薄纸片人，而会觉得他是一个有血有肉的普通人。因为经历过苦难，所以他的成功显得格外厚重。

我们活下来很多时候是因为别人的善意，但更多时候是因为我们自己对自己的善意。

这个世界上有太多看上去光鲜亮丽的人，耀眼到我们甚至都不相信他们也有自己的辛苦。可是你并不知道这是他（她）人生的哪一个阶段。你们相遇太晚，所以你并不知道，这或许是千难万险后的"守得云开见月明"，抑或是洪流急湍后的"轻舟已过万重山"。

活得容易的都是别人家的孩子，我们没有亲眼目睹他们的成长，才会妄图揣测他们的成功背后有那么多"贵人相助"。

哪有那么多活得轻松自在的人啊，不都是哭过、痛过，眉头一皱熬过来的普通人吗？

正是以为他们是有距离的"别人家的孩子"，才会有人把他们的成长想得太美好。

就像那个深夜里抹干眼泪对着磁带学英语的女孩，终于在入睡后的梦中发出声声呓语；就像那个在肯德基里睡了一宿醒来的姑娘，终于看见半边太阳从云上升起。

没有一本自传不是由苦难写起，熬过的辛苦，都是人生的勋章，是一笔一画写就的成功路。

运气是风调雨顺的天气，有人屡遭旱灾，有人连年雨水，但总有四季相和的一日。但愿那时，你已有拔地而起的枝干，可以任由清风细雨在你的枝上挂果。

聊天终结者如何自救呢

前几天在饭店吃饭，隔壁桌坐着的两个女生从一落座就开始兴奋地闲聊。

听上去，两个人像是昔日同窗，其中一位在事业上似乎遇到了瓶颈，杯酒落肚，忍不住向另外一位诉苦。

"我现在的工作朝九晚十，工作单位离得又远，每天坐地铁就要快一个小时的时间，这还没算上步行的时间……"

"我们老板不讲情面，不仅工作日要加班，有项目的时候连休息日都要随时待命。他自己够努力，就希望我们单位所有的年轻员工都和他一样，能废寝忘食地一心扑在工作上……"

闺密时不时地插话："当初你就该听我们的劝，离职去考公务员，女孩子过稳定一点的生活多好，现在大半青春都耗费完了，你想后悔也来不及了。"

"你啊，就是太自我，太固执，太不懂争取，"闺密着重用了三个"太"字，"你如果像我这样毕业就考了公务员，哪还有那么多苦恼？你呀，就是目标不明确，总满足于现在的生活，不肯往更高的阶梯上迈。"

一直认真听取同伴建议的女生，表情越来越难看，最后憋足了气轻声地辩解："可是……现在的工作是我喜欢的啊。"

而那位"挑剔小姐"似乎无视同伴的坏脸色，还在一直不停地挑剔着："你以前读书时，连作业都到截止日才能完成，这种性格就该找一份清闲的工作……"

整个对话，以抱怨工作的女生不再回话为结尾。

她为什么不再回话了？因为她的同伴活活把天聊"死"了。

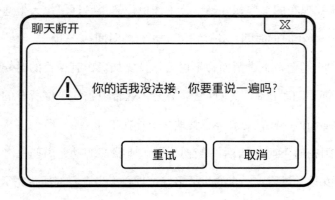

没有人在表达自我的时候，想听到一个声音在耳边居高临下地提醒着："你错了，你是个傻瓜。"

每个人的内心深处都有一种自己最认同的生活方式，这种生活方式引导着人们做出相应的取舍。但"挑剔小姐"内心的控制欲，却让她无时无刻想要撕掉对方的标签，贴上和自己相同的标签。

或许其本意是好的，可是不加收敛的表达方式却让人听起来很不舒服。

同样的话，要怎么说才能令人更舒服呢？

我大学时参加了学校的文娱部，部里多是爱美的女孩，又正值花一样的年龄，讨论的话题多是当季新款的包包、衣服、口红。

部里有个女生，被我们叫作阿圆。阿圆和我同一届，家里的经济条件比较一般，可抵不住爱美之心，常去外贸店选购一些奢侈品仿品、瑕疵尾货。

大一的时候，一个奢侈品品牌推出了一款翠绿色的蛇头包。阿圆不知道从哪里买到了这个包，很兴奋地带来给我们看，同时吹嘘着它的价值。那时候我和阿圆才刚刚认识，又是个不太关注品牌的"时尚绝缘体"，以为她是挥金如土的"白富美"，而她的包也确实好看，于是毫不犹豫地加入了赞美者的行列。

阿圆被部里的同学夸得飘飘然起来，每天都用同色系的衣服刻意搭配那款包。

那时，文娱部为迎接新成员举办了晚会，高两届的文娱部部长也来了。

部长是艺术学院的学姐，大学期间兼职赚了不少钱。她刚一落座放下包，正好就放在阿圆的包旁边，眼尖的人马上就看到了："学姐，你和阿圆的包一模一样。"

阿圆自然知道自己花的钱不足以买到正品。这是她第一次见到这款包的正品，就好像一出《真假美猴王》的折子戏，真猴王金箍棒在手、火眼金睛，而自己的包走线粗劣、皮质厚薄不均，简直就是毛色暗淡的六耳猕猴。

"应该是同一款包吧！"

学姐本想一句话带过，突然有人发现了异样："也不完全一样呢，你看这里，一个锁口是歪的，一个锁口是正的。"

我当时傻乎乎的，也不觉得这句话有什么更深刻的含义，但现场突如其来的安静让我感知到了异样。

"啊……这大概是另外一款……"阿圆涨红了脸，努力地自圆其说。

"我记得新的一季有两款，你这个是另外一款吧？"学姐边说着，边把自己的包放到椅背后面。我们很快转移了话题，那场晚会上学姐再没有把自己的包拿出来。

当天晚上，学姐通过文娱部微信群加了阿圆。两个人不知道怎么就聊到了时尚品位。

正当阿圆不知道话题怎么继续下去的时候，学姐发来了几个店铺链接："我大一的时候专业课太多，没时间兼职赚钱，买不起太贵的包，后来发现有些原创的品牌也挺好的，我推荐给你看看，我大一的时候都用过。"

毕竟是艺术学院的学姐，她推荐的那几个品牌，质优价美，设计感丝毫不输给大品牌。

经过这一次照妖镜般的经历，阿圆彻底把那个蛇头包封存起来。

这段经历是阿圆后来亲口告诉我的。她说，后来相处久了才知道，其实学姐特别讨厌侵犯创作者权益的仿品，但即便是这样，也没有在第一时间拆穿一个大一学妹的虚荣心。

《了不起的盖茨比》里说过一段话，大意是，当你想要批评别人的时候，要记住，这世上并不是所有人都有你拥有的那些优势。

我们经常把那些令沟通对象感到舒服的人称为"高情商"，但当我们夸一个人"高情商"时，究竟在夸些什么呢？

其实"高情商"的人拥有一种"易共情"的能力，能设身处地去理解对方的困境，捕捉对方表露出的不适感，却不马上进行评价或是指手画脚，除非是对方主动提出寻求相关的建议。

所以说到底，"高情商"是一种自我克制。

现实生活中，我们都被别人贴上或自愿贴上无数自限的标签。有人听古典音乐，有人迷恋流行金曲；有人喜欢买名牌包，有人喜欢购书；有人毕业后选择在大城市打拼，有人选择回家乡陪伴父母享受天伦之乐。

当另一方在表达自己的观点时，无论分享的是欣喜还是遗憾，他都不需要被提醒"失去的是什么""错误在哪里"，他只是在陈述自己的选择。成熟的人对于自己所做的选择大多无怨无

悔，因为早在选择之初，他就已经准备好了接纳选择的副作用。正因为如此，人与人交往中的自我克制至关重要。避免将自己的感受无节制地投射到其他人身上，避免以"对与错"的上帝视角裁定他人的抉择，这便是"高情商"的自我克制。

这样的自我克制，究其根本，取决于一个人的自信程度。

像我在饭店里遇到的那位"挑剔小姐"，她在任何时候都维护自己的想法，在驳斥他人的过程中满足着"我很正确"的需求。

而那些尊重别人生活方式的人，其实有着强大的自信，不需要在别人身上寻找自己的优越感。哪怕遇到了比自己强的人，也不必狐假虎威地露出触角，非要伸到对方眼前让他看清。

只认可自己是短视的自信，而高级的自信应该是带上一双眼睛好用来欣赏别人。

高情商的人只会诚恳地告诉你他的想法和观点，不会冒犯你的个人标签。

英国作家毛姆曾说过一句话："人的每一种身份都是一种自我绑架，唯有失去是通向自由之途。"

一个人活在这世上，应该既是尘埃，也是星球。他应该比尘埃更看轻自己，但在别人眼里，他比任何星球都丰富。

生活有点难，但你很可爱

十几年前，当我还是小孩子的时候，特别迷恋港剧。

可能现在的孩子不太能理解，那些年的港剧对于一群没怎么出过远门的小城少女意味着什么。那些泛着消费主义光芒的奢侈舶来品、那些灯红酒绿的夜生活画面……展示着与周遭完全不同的一种生活状态，瑰丽得令人神往。

更令我们着迷的，是港剧里那些漂亮自信的职场女性，她们穿着职业套装、踩着高跟鞋从中环街头昂首走过，即便在重担之下依然时刻保持笔挺的身段，仿佛永远不会被鸡飞狗跳的生活琐事打败。

还记得一部叫《流金岁月》的港剧，女主角是个律师，她漂亮、理性、睿智、沉稳持重……年少的我几乎可以用尽自己学过的所有赞美之词来形容她。

老港剧的画面色调偏黄，加上剧里十之八九是在法庭上的戏，整个画面从人到场景，昏黄一片。但那时候我喜欢得不得了，每天蹦跳着去找与我一样很喜欢这部戏的亲戚家的姐姐讨论剧情。

剧里有一幕，是女主角为爱人辩护，她眼神坚定，热烈而勇敢。我们两个小女孩被这样的剧情鼓舞着，小姐姐望着我说："以后我们都学法律好不好？"我点头如捣蒜。

隔天我就把这约定抛到脑后。小姐姐却一直朝着这个目标努力，从小到大都是我妈口中"别人家的孩子"，高中毕业后如愿学了法律，进了检察院工作。

到了岗位后，她发现一切不同于她的想象。持续增长的办案任务，职业环境带来的焦虑感都让她感到疲惫不堪。

她没能像十几年前想象的那样热爱这份工作——和很多现在刚刚择业却不满意第一份工作的大学生一样。

她读法律学科本就违背了父母的意愿，如今撞了南墙却连回家哭诉的资格都没有。

后来小姐姐选择了离职，预备着报考教师，但本市的法学老师没有招考名额，她退而求其次做了辅导员。

有些学生懂得看脸色欺生，让她时不时发出"这一届学生没办法带"的感慨。

你一定以为我要讲一个梦想破灭的故事了。

但这次不是。

　　我前一段时间去她工作的学校找她。她扶着儿子在教学楼前的草地上学走路。小朋友趁大人不注意，往前冲了几步，然后摔了个屁股朝天还咯咯笑。

　　她发表论文，参加学术活动，争取转编制的名额，还希望有讲课的机会。

　　她挺忙的，根本没空理睬那些像泡泡一样消失的梦想，只埋头应对一个又一个重燃的期待。

就像《南海姑娘》里面唱的那样，旧梦失去有新侣做伴。

为什么我们会常常觉得和想象中的自己渐行渐远？

很简单啊，因为我们都期待自己能够功勋卓著地和生活对抗，像奥特曼打小怪兽一样，永远是赢家。

小时候的我们，即便对着一方小小荧光幕，也幻想自己有朝一日能成为剧中人，踩着恨天高却仍一路坦途、姿态优雅。可现实是，踩着高跟鞋的人或许走着走着就摔一个大马趴。

成功的路上不拥挤，失败的路上才拥挤。在某个阶段拥有自己的"假想人生"，更容易因为失去而怅然若失。但其实反过来想想，你本来就是一无所有，怕什么从头开始？

我有个闺密，年初兴致盎然地说要学车，隔天家人因病入院，忙里忙外就到了年末。

还有个同事，父亲突然中风偏瘫，一夜间连他最疼爱的小女儿都不认识，只能躺在床上等着她去照顾。

中风后遗症是长期病，同事工作仍有条不紊地依序进行，只是偶尔感慨"（自己）以前做梦儿子快快长高长大，现在最大的梦想是我爸能早点认人"。

在 25 岁以前，我以为我活在一个只有自己的坐标系中，跑或不跑，跑得快或者慢，完全由我自己决定。

现在才洞晓，你不会知道生活什么时候强迫你停下来，只能趁能跑的时候，用力跑。

我曾经非常喜欢一个托辞——现实打断了我的人生计划。

上学的时候，因为感冒没有完成这周的复习计划，理所当然地要把计划拖到下一周。

上班以后，因为晚上老板要我加班，所以交不上这一周的稿件。

你看，这铁石一样的生活击垮了我，还不允许我狼狈地趴下歇一会儿吗？

直到有人告诉我，当你脱离了 20 岁的狰狞之后，接踵而至的就是 30 岁的狰狞，然后是 40 岁、50 岁……一样面目可憎。

你随时可能被下一场暴风雪追上，除非你一直在转换目标，才能求取平衡。

现实只是打"散"了你的计划，但不能任其打"乱"。只要你愿意，这些原本的计划和梦想可以盘根错节地嵌入生活的缝隙。就像坎贝尔·约瑟夫曾经说过的："我们必须放弃曾经计划好的憧憬，才能真正迎来等待着我们的生活。"

小姐姐说，她不后悔学法律，因为曾经有那么一刻，她清晰地记得——"有一天抱着资料夹，路过办公室拐角处的镜子，镜子里那个人穿着整洁的套装，像是童年想象过的样子"。

我们一起唱童年时听过的电视剧插曲，歌词里说："狂风即使翻满地，仍等一些好天气。"我们突然意识到，这歌词其实也是人生箴言。谁都只有一次人生，不能轻易粗暴地交与那些遗憾。

很多人来不及活成自己想要的样子，当被问到有没有一些遗憾时，即便咬紧牙关，他还是会忍不住说出"是的"二字。但那有什么关系？能够好好地做一场梦，即使输的姿态有些难看，也已是睥睨四方的人生赢家了。

平行世界的理论里说，一定有一个人在另一个平行世界里活成了你想要的样子。

如果有机会见到，我真想远远地向她招一下手——曾想要成为你的我很可爱，但现在我也活得不差。

只要我们有可能在明天活成今天想要的模样，不就有力量继续走下去吗？

最高级的"生活力"长什么样子？

1.

我天性喜欢逗猫，就连我妈都说，从小到大每次搬家，我还没来得及将周围的邻居们认识全，就都先与猫混熟。

去年我搬了一次家，恰巧楼下拐角处有一家老旧的小卖铺，老板娘养了只小土猫，我便常以"撸猫"之名前去光顾。老板娘是个中年女人，个子很矮，人也瘦弱。但猫却很胖，肚子滚圆。听人说，她原本住在附近，几年前和老公离婚，然后带着女儿盘下了这家店。

老板娘开门的时间很早。有几次我 5:00 多起床去机场，就看见她已经拉开卷帘门了。

但无论起得多早，老板娘还是会简单地化个妆，涂个口红再开店。

老板娘很爱整洁，铺子虽小，货物却都码得整整齐齐。有一次我下楼买酱油，她拿了一瓶摆在最前面的给我。因为我用得少，想要保质期长一些的。她就让我拿货架上最后面的一瓶，说是她每天早上都整理一遍货架，按照保质期先后进行排列。

我将信将疑，拿来一对比，居然真是这样。

晚饭时间，老板娘会在门口支上个小桌，摆上电磁炉，先做她和女儿的晚饭，再特意盛出一小盘给猫。吃完饭，拿无线音响在门口放点音乐，边看店边跳广场舞。两人一猫，美好得像一幅画。

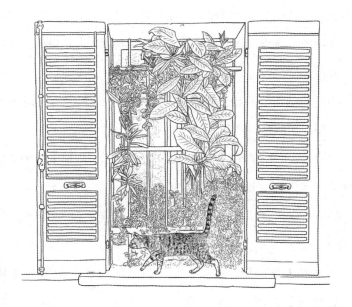

2.

因为快递小哥总是把上班时间不方便收的快件放在小卖铺，我便开始愈加频繁地出入铺子。

很多快递集散地将快递摊放在地上，只有这家小卖铺不同。老板娘把包裹按电话号码尾号分成好几列，规规整整地摆在货架上，再给货架贴上带小花的标签。快递到件的第一时间，她就打电话通知我们取件，然后记在小本子上。一切都显得那么有条不紊。

老板娘的女儿看上去8、9岁的样子，不上学时就在店里帮忙。有时我去拿快递时，老板娘正忙着理货，她便会笑盈盈地凑过来向我要快件的收货码，学着妈妈的样子核对收货码、拿快递，然后随手将其他快件摆齐。

小姑娘动作利落，比她的母亲还要迅速。每次给我递快件时她都会用甜甜的童声叮嘱一句："小心拿好！"

我搬过去的小半年时间里，这个蜷缩在老旧店铺里的小姑娘就像抽芽一样拔高，出落得亭亭玉立。

到了新学年，母女两个一起坐在门口齐膝盖高的小桌上，裁花纸，包书皮。

我正好去拿快件，就听小姑娘在念课文："……一个奇异的景象出现在我的眼前：像巨龙穿行在大地。连绵起伏，曲折蜿蜒……万里长城谱写了不朽的诗篇。"

核对收货码的空隙，我没话找话地问小姑娘："你有没有看过长城啊？"

老板娘正在门口，笑着回了我一句："长这么大，还没离开过福州呢！"

我想着怎么回答的时候，小姑娘扬了扬脑袋，自信地说道："我妈妈说了，反正我未来读大学也会去北京的。未来那些长城、运河我都会看到的。"

小姑娘挺直了腰板，继续给我读这篇课文的片段："……京杭大运河谱写了动人的诗篇。是谁创造了这人间奇迹？是我们中华民族的祖先。"虽是清脆的童声，却字字掷地有声。

3.

"寡妇门前是非多。"在老社区里，总有人背地里议论小卖铺老板。

有人说，这寡妇怎么不再找个男人，孤儿寡母风里来雨里去的，到头来都是苦了孩子。

也有人说，这寡妇又是文眉又是跳舞、化妆，还学人家贵妇抱只猫，一看就不是正经人。

去小卖铺的次数多了，我越来越感受到这家老旧的小卖铺中所带有的某种强壮的"生活力"——这是一种"懂得制造美"的力量。

这里说的"美"，并不是需要运用插花、油画之类的高端艺术素养才能感受到的美，而是广义上的生活之美。

或许父亲在人们的思想中，都是伟岸高大的，他们给予孩子的是关于责任感的教育，通常是："你要吃苦，你要坚强，你要耐下性子。"

但如果一个家里，妈妈懂得制造美，她就会告诉你，挨过苦日子究竟靠的是什么——靠的是"记住"，记住那些美的时刻。

和脏乱相比，秩序是美；和清汤挂面相比，精雕细琢是美；养一只皮毛油亮的猫是美；包漂亮的书皮是美；北京之梦是美……生活中细微的美感，如此唾手可得。只是很多人宁可与惰性为伴，也不愿花时间去制造美的时刻。

老板娘几年前文的眉还没褪色，她的女儿皮肤白皙，口齿伶俐。

看到这个漂亮女孩，我偶尔会担心她在成长的路上要经历过多的诱惑，但因为她有这么一个"懂得制造美"的妈妈，我愿意相信她未来的生活会越变越好。因为在这个偌大的世界上，妈妈早已给女儿上了人生里的第一课——制造和记住"美"。

整齐的货物，滚圆的猫，关于北京的、萦绕在心头的课文……她的童年里所存在的一切，都是母亲送给她的人生厚礼。

虽不贵重，却像苦茶里的甘草，带来甘甜的余味。

小说《黑的雪》中有一段话："人的命运就像天上飘落的雪花，它们原本都是洁白无瑕，落在何处却不能自由选择。"

其实不必如此悲观，你看到的小雪花或许是落在野地里的蒲公英，因为偶然吹来的风，就有了新的世界。

那个即便在店里忙碌都画着淡妆的妈妈，努力为女儿制造着生活中关于美的片段，生活就真的会好起来。

每个人都在不断和自己告别

韩宝仪曾在一首歌里深情款款地唱道："风依旧，吹遍荒凉，留不住斜阳。"

可能有很多 00 后不知道韩宝仪是谁，但她的经典之作《粉红色的回忆》至今仍被传唱。她出道的时候还很小，是个童星。她的第一张专辑叫《乌溜溜的眼睛》，在香港那边则被叫作《十七十八少年时》。恰好的名字，也正应了那恰好的花样年华。

可唱着"夏天夏天悄悄过去，留下小秘密"的小姑娘，一转眼也已经步入暮年，一脸皱纹都写着春秋。

这世上何止斜阳难留。啼血夕照可曾留住？暮色四合可曾留住？就连月上东墙，也不曾因它垂老将逝而多在上面逗留些时间。

一日四时，一年四季。云卷云舒大手一挥，又随手拈去了些峥嵘岁月。

南笙和我是十几年的朋友了。我们相识的时候，我 10 岁，南笙 16 岁。我们结识在一个文学网站，这个网站现在还在，只是一改容颜，从原来的门庭若市变成了现在的清冷寂静。

10 岁的我写的自然是些词不达意的糟糕文章，而南笙笔下生花。

写作文的时候，我常常在她的文章里拣几句来抄，搞得自己的文章不伦不类，甚是好笑。

我常来向她请教，她总是不厌其烦地给我指点。就这样，隔着屏幕，我们竟也培养起了姐妹般的情感。

闲来无事的时候，我们俩就在网上有一搭没一搭地聊天。

"上中学感觉怎样呢？"我问。

"挺累的，有做不完的功课。"

"那你还有时间写作吗？"

"挤出来时间写，都是等家里人睡着后偷偷写。"

"我觉得写作是件很好的事情呢。"

"我也觉得。"

等我上了高中，南笙却从网络上消失了。

她的账号突然不再登录，就连以前天天打卡的写作帖都不更新了，就像从异次元大门进入了另一个世界。我好几次尝试联络她都毫无结果，设想了无数种可能也无法验证，最终只能逐渐将这件事淡忘。

那时阅历尚浅的我，并不知道在写作的路上，本来就有很多人前仆后继着。有人突然火了，也有很多人在中途熄了火。

后来，我才发现，比起一成不变的人生，与过去的自己告别才更像是生活的常态。

我曾在一档节目里看到分别 25 年的爱人重聚。当事人说，很多事情就像经历过的一场梦。

"到底是不是真的经历过 25 年前的那段往事呢？"

不知道为什么，我突然能够理解这一感慨。

人是多么善忘，又是多么容易习惯的一种动物。无论谁离开原来生活的轨迹，起初或许痛苦，但熬一熬也就忘记了。

长大后，我曾在犄角旮旯里找到小学时画的各种古装少女，以及学画画的时候画的各种样图，还有给全班同学写生做模特时的画像。

画里的我扎着两个小辫子，穿着小猫图案的短袖，看上去很是陌生。这种陌生感源于那些事情你已不会再去做了，或者就算做起来也不能像当初美好的样子了——即使它曾经如此熟悉，占据了你生活的全部。

我以前在剧组工作过一段时间。剧组的工作人员会特意交代我们，不要对资深艺人说"我看过你演的某某角色，好经典"这类看似赞美的话。那时我觉得不能理解：谁会不喜欢被人赞美呢？

有一天我和一位自己很喜欢的资深艺人合影时，情不自禁说起我很喜欢他以前的某部戏。结果被他开玩笑地反问了一句："是你喜欢还是你妈妈喜欢？"

后来，我慢慢理解了工作人员的忠告——你在夸的那个人，于他自己，也是某个阶段的陌生人。与其夸奖从前的他，不如试着了解现在的他。

前段时间，我心血来潮，用十年前用的账号登录了早就无人问津的文学论坛，看到了南笙的私信。她在私信里给我留了个联系方式，说："好久不见。"

言语间我知道，她结了婚生了孩子。文笔依旧，却不是当年愤世嫉俗的味道。她发来一张照片，全家福里搂着孩子的母亲，早已不是年轻的模样。

我问南笙："如果让你再选一次，写作与家庭，你选哪个？"

我隔着屏幕，远观着她的沉默。隔了很久，她终于打出一行字："以我现在的情况，应该会选妹仔。"

那是她称呼女儿的方式，她叫女儿"妹仔"。

然后意味深长地重复了一句："我说，是以我现在的情况……"

——她是这个站在身边经历了婚姻、拥有了家庭的成熟女性的位置上，而不是十多年前的南笙。16岁的南笙已经那样陌生，连那一副"看谁也不顺眼"的神情也模糊了。

　　但现在的南笙却告诉我："没关系，我不觉得可惜，也不会为此停止努力。"

　　我敢保证，你一定会在某一天遇到陌生的你，只是时候未到。

　　因为未来还有很多需要放弃和改变的时刻。你放弃了一个爱人，人生就把另一个你留给了他；你放弃了一份工作，人生就把另一个你留下挑灯夜战了。

　　当你不爱了，再去回想当时的自己，这大概就是古语说的"恍若隔世"吧。

　　我们年轻的时候都说自己要做英雄，却大多成为平凡世界里碌碌无为的众生。按照既定的轨迹：念小学、读中学、上大学，供房贷、攒嫁妆、养孩子，生活、成长、死去。就像南笙，踏入了曾经看不惯的世俗里。

　　我心里清楚，我也一样。或许我未来也会有我的"妹仔"，或许会踏进未知的人生洪流……但这并不可怕。我现在能做的，是为此时此刻的自己负责，做好手边能完成的事。因为我们终会与现在的自己告别——她可能会在某天突然停止成长，但在此之前，她会好好长大。

　　谢谢在每个阶段停止成长的那个自己。

　　时光的火车开走，她被搁下，光着小脚站在轨道旁，等待着我想起她，回来听她兜里的一箩筐故事，然后拍拍她的头，衷心地说声"谢谢啦"。

其实我心里知道，她一直注视着我去哪儿了。

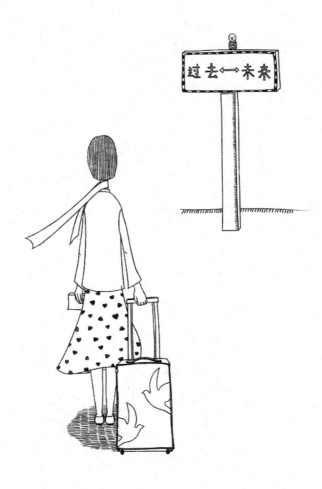

Chapter 2

缘何努力，
不过是因爱而起

你的强大，才是你身边人的底气

我在横店的时候，同宿的姑娘叫蒋荷花。

那部戏的导演是个南方人，用他独特的口音给蒋荷花叫成：姜发发，姜活发。

有时候名字特别容易叫也不好，一不小心被人叫顺嘴了，他就时不时喊你一声。

导演想到她，就会在现场叫一声：

"发发你过来一下。"

"活发！活发！活发！"

荷花在街道布景的另一头，隔着一百来米就能听到她嘹亮的回应："听到了！"

然后，就能看着那小黑点"扑棱扑棱"地一路小跑，突然间就出现在了监视器后面。

蒋荷花积极乐观，就像春天里常开不败的花。

她在横店当替身，一般做"文替"，也就是偶尔给女演员试试光、替女演员走个位置、拍一些不露脸的镜头。后来为了多赚钱，也做"武替"，技术有限，只能做最次等的"武替"，替女演员完成一些可能会受伤的镜头。

回宿舍，偶尔能听到她和妈妈打电话。

妈妈问："花花啊，你什么时候才能带个男朋友回来给妈瞧瞧啊？花花，你啥时候上电视，也让妈看看啊？"

荷花就在电话这头，支支吾吾地答着："我过得很好，我今天还看到那个……就是妈你喜欢看的那个公子哥……"

她没告诉妈妈，那天她做了替身，为了拍一段牌匾从塔楼上砸下来的戏，她的背上刚被道具牌匾砸了一块扎实的淤青。但镜头里没有她的面孔，也没有她被砸伤淤青的后背。

剧组给她包了个红包，她一打开，拿了钱就揣到包里。"就这么点钱啊？"嘴上这样说着，但她心里还是感激的。擦擦离家的眼泪，明天继续背井离乡的日子。

荷花的弟弟不是读书的料儿。一个16岁的小伙子，但凡在读书上不成器的，按他们村里人的惯例，就是要去工厂或是工地打工讨生活了。

她曾经拿弟弟的照片给我看，一脸得意地夸弟弟"皮相好、人白净、脑子活络"。我接过一看，就是个相貌普通，说不上"好看"的男孩子。

"我也不愿意他去，工厂太苦了。"

"我先来混几年，混好了就带他来。他明年放暑假就可以实习了，我就带他过来。"

"我打点了很多关系，认识了很多副导演，"她自信地说，"只要他争气，只要他能吃苦，就一定有机会。"

荷花还对这个世界抱有很多纯洁而朴素的想法。比如说，她觉得她弟弟只要努力就一定能红。

荷花说，在村里，她这个年纪的姑娘，早就嫁人了。妈妈希望她早点嫁掉，也是希望她能有座靠山。

"我也想找个好一点、富一点的人家嫁了，可那终究是别人家的东西。"荷花说这话时候的神态，依旧固执如她。

"我妈想要什么，不能靠我，只能去求他。我弟弟遇了事情，也要靠他。"

"我不能让一家人都陪着我寄人篱下。"

那天，我们下戏早，坐在床沿，有一搭没一搭地聊着天。我们一边聊着，一边互相鼓励着。

我们这么努力寻求独立，不是为了有一天能放弃依赖，而是为了有力量去抱紧想要抱紧的人。

所以，我只能努力，让我拥有物质，让我站在食物链的最顶端。

站在食物链顶端不是为了欺负更弱小的人，而是为了保护我爱的人，为了自己不被吃。

不要去指望伴侣、亲朋的成功，能对你带来什么惊天动地的改变。"他们的东西"，再多余也是别人的东西，再理所应当也是施舍。

他们的义务仅仅是对你好，那些爱屋及乌，是情理，而不是责任。

所以电视剧里才有那么多凤凰男高攀后因为拖家带口，从女方家捞好处而惹人烦的桥段。男方的家人，捅破他们是男方的亲人这层皮，和女方不过是有着施舍与被施舍关系的陌生人。

男女互换，同理。

大学毕业之后，我非常认真地和我母亲谈过，希望她提前退休，不要再出去工作。她有自己的梦想和想做的事情，我一直都知道。她说起以前在学校里设计衣服的快乐，摸着街上各种材质的衣服说着"我上学时设计的衣服，肯定比这个好"时，眼睛都是闪闪发光的。

我不想她等到更老、更需要照顾、更走不动的时候，才开始践行年轻时保有的梦想。但母亲一直坚持还是要继续工作。我知道她一直想保护我。

她不靠我，我才会有后路。她独立了，我才能心无旁骛地走自己的路。

她知道，若她追逐梦想，这大梁我一个人撑着，我肯定会有被迫放弃的时刻，有更好的机会也不敢去争取。

前一段时间，好久没有联系的学姐，突然发短信请我帮她转发众筹消息，她的母亲得了重病，需要在网络上筹款。我在钱上有些谨小慎微，随即给她打了电话进行确认。

她絮絮叨叨说了好多，最后说："我能解决，也就不靠你了，就是希望你认识的人多。"……

都是被现实逼迫得无路可走的可怜人。可是我除了晒一张杯水车薪的捐款记录，还能做什么？

我做媒体，可我只是其中最渺小的一颗螺丝钉，没有权威的发言权。我曾在医院工作，可我挂号也一样要去排队取号。

在亲人朋友遭遇困难时，因为自己的无能，会产生深深的无力感。

母亲老了，偶尔会说起自己的腰不好，或者拿着检查单问我上面的箭头是什么意思。

遇到以我浅薄的医学知识并不能解释的问题，我也像学姐一般疯了似的打电话、发微信、求助朋友圈，想要弄明白箭头背后的各种可能性。

之前母亲持续头痛，整宿整宿睡不着，到医院也查不出原因。我开始打朋友的电话，企图从他们那儿获得解决方案。有些朋友辗转几轮给了我其他医生的电话，而我握着电话，连拨号的勇气都没有。

——我在医院待过，我知道这一切是多么地惹人厌烦。

我们素未谋面，却想要用"情谊"去交换别人宝贵的时间。

那时候，我总想着，我要是在医院多好，要是我学业精专多好。再不济，要是我腰缠万贯，能带着她四处求医，打通上下关系也成啊。

这就是为何我们要奋斗，为何我们要独立。是让自己挚爱的家人不在求人办事的时候看人脸色；为了他们不在夫家人或是岳家人面前受白眼；为了他们在被不公欺凌时，可以真心实意地伸出援手。

这不是"钓个好老公"或是"娶个千金女"可以解决的问题。

你的好伴侣，是你的底气，而你的强大，才是你身边人的底气。

我们都是这么平凡，却是那么多人眼中的中流砥柱。

我们缘何努力，不过是，因爱而起。

你的每一天，都是一笔"人间储蓄"

1.

前几天和一个朋友聊天，不知道是因为什么挑起了话茬儿，朋友说起她嫂子第一次到家里来时的情形。

那时候他们家经济条件很一般，哥哥在堂叔的小厂里工作，每个月拿三千块钱薪水。但即便只赚三千块钱，也颇有"阿Q精神"，成日快活似神仙。

朋友特别喜欢嫂子，是因为嫂子第一次见到她时，送了她一套香水礼盒，比她从小到大闻过的都香。后来朋友才知道，那个品牌叫香奈儿，价格贵到她不敢想象。

嫂子的月收入在三千元往上，虽然不是出自什么大富大贵之家，但比起朋友的家境，算得上殷实。未来媳妇儿第一次来家里，朋友全家自然是摆了大阵仗，母亲特地去买了鸽子炖汤，然后做了他们家乡的红烧猪肥肉。

2.

嫂子是见过大世面的人，嘴上抹蜜向在场的亲戚拎着礼物问安，开饭前更是像模像样地摆好了全家碗筷。

结果饭吃到一半，哥哥去上厕所，却看见妈妈在厨房里抽泣。哥哥有点慌了，心想母亲对这个未来儿媳不满意。果不其然，母亲说：

"你看她摆碗筷的样子，哪像是在家里干过活的人？"

"你看她穿的衣裳，那布料那款式，哪里和你妹妹穿的是一个档次？"

"你看她那做着美甲的手，哪儿像我们家这么劳碌的，一看就是在家做惯小姐的……"

哥哥赶紧拍胸脯向母亲保证，与女朋友处了很久，虽然她有些小女孩的骄纵脾气，但绝不是那种被惯坏的女孩儿。

没想到，母亲却一边抹着眼泪一边说："人家随随便便都能嫁个好人家，凭什么就嫁给你了？我不是怕人家姑娘后悔，就是感觉我们一家人都活得本本分分，现在平白无故就像亏欠了一个人似的。"

后来我朋友跟着父母去拜访嫂子的父母，全家特别慎重，事先准备好了够数的礼金、礼品。

对方是开明家长，全程都很热情。回去的路上，母亲却突然叹了口气："人家父母当着我们的面不敢说，是怕姑娘将来嫁到咱家受委屈。咱自己心里要知道，是高攀了人家姑娘的。"

一路上，母亲对儿子交代了无数遍"你要争气啊"，反反复复，恨铁不成钢。

朋友的哥哥本来是个吊儿郎当的人，毕业后每份工作都坚持不了几个月，却从那天起拼命工作。原来他每天懒懒散散，迟到早退，恨不得瘫在工位上混日子，从那以后竟主动向领导求教，学新的技术，次次培训都不落下。他的表现被领导看在眼里，很快就出了成绩，升了职。

大家都疑惑，一个"混子"，怎么就突然洗心革面、发愤图强了？

后来朋友才听哥哥谈起，说第一次意识到自己要努力，居然不是被妈妈痛骂"你养不起我"，也不是前女友嫌贫爱富说"他比你有钱"，而是他妈妈抹着眼泪说的那一句："我一辈子没欠过人的，老了亏欠这么秀气好看的小姑娘。"

3.

电视剧里的主人公多是有朝一日尊严被人践踏，方才如梦初醒然后发愤图强。

可现实中的更令人心酸的情节是这样的：有仙露琼浆从山上倾泻而下，而你手上的葫芦瓢太小，盛不住。

才没有"恨催人行早"，分明是"爱催人行早"啊！

日本有一档整蛊节目叫《人类观察》，其中有一期是儿子整蛊父母，说自己和当红女明星准备结婚。节目中母亲的反应和朋友的妈妈如出一辙：她数落儿子"你会让人家等很久"，并心怀愧疚地向女方道歉"他现在混得不好，辛苦你了"。

为人父母者，见到孩子没出息浑浑噩噩，还能强撑着送他一程。看见孩子没出息却前途光明，知道他的努力匹配不上他的运气，更怕他被运气反噬，暗将一军。

很久以前就有长辈告诉我，一个人一生所做的努力，都是储蓄。

一个人努力攒下的财富、别人对他的信任感、累积的社会名誉……都是即时存取的长期存单。

但我们这代人中好多人还真没有什么储蓄的习惯，自己出去有多少花多少，享受"此刻"更胜过为未来战战兢兢。

我负担得起月光的生活并且享受其中，我大可以放纵自己做一条永不翻身的咸鱼。可最关键的时候，我才发现，原来还有人需要我的"人生储蓄"。

我们的每一次努力，都是一笔储蓄。这种储蓄父母能提取，爱人能提取，所有和你拥有亲密关系的人都可以按感情亲疏提现额度。这笔储蓄，容不得你月光，更容不得你原地踏步。

4.

可以确定的是，也有很多人曾经，或正在为你努力储蓄着。

在你接受爱、被爱的时刻，就已经成为需要自己去翻本的"负资产"了。这不只是对他人的回报，也是对自己的回报。付出本身是相互的。

曾有位读者在后台留言给我："有一个女孩追我，被我拒绝了。原来在我的计划里，自己不会太早结婚，毕业后的四年里，几乎一分钱都没攒。遇到她，才开始痛恨两手空空的自己。可我有什么办法呢？"

我一时间不知道要怎么回答他的问题。

人当然不是为谁而活，更不用活在别人对你的期待里。但谁都不希望有一天意识到自己需要努力，是因为差点失去一个自己爱着的亲人和朋友，或是配不上自己想爱的人。

趁时间尚早，用生铁磨出一套刀枪斧钺，给爱的人圈起屏障，提升自己爱人的底气与能力。

最怕人间雪满头

1.

外婆曾经养过两只金刚鹦鹉。虽然外婆说它们是金刚鹦鹉，但我翻遍了整本观鸟手册都没有找到过长成这个样子的金刚。它俩是一对从别人家飞出来的，呆呆傻傻的鹦鹉，像失心疯似的停在我们家晾衣杆上。

外婆用绑了线的细竹子撑起斗笠，在斗笠下放上碎玉米粒，拉着线的另一端躲在门后。等到两只鹦鹉都进斗笠底下觅食的时候，她将线一拉，两只鹦鹉就成了瓮中之鳖。

两只鸟很恩爱，每日都能见它们互相整理翠羽，在鸟食面前秉持着"温良恭俭让"。

有一天，外婆忘记关笼门，公鸟偷偷地飞出去了。

我们都猜公鸟过不了几天就会回来。它识得母鸟的声音，曾经"越狱"过几次都能飞回来，照样能中"竹子撑斗笠"的老招数。

可是这一次，它没有如约回来。

那天半夜，外婆听到门外有凄厉的鸟叫声，几次披衣出门都没看到鸟的影子。过了几天才发现，靠近笼子的地方，不知道被谁摆了一根白色的塑料水管。把水管移开的时候，里面掉出了一只羽毛杂乱、早已僵冷的鸟来。

母鸟一直很怯生，那几天却变得异常亢奋。刚换完新的鸟食，它就把头扎在食盆里一顿猛吃。每天叽叽喳喳叫唤个没完，引来一群各式各样的公鸟。它来者不拒，对每只鸟都来了一场"深度访谈"，活脱脱是个"鸟中潘金莲"，弄得我家阳台就好像飞禽市场。

正当我以为母鸟即将展开"鸟生第二春"时，它在一个寒夜里，静悄悄地死了。

清理笼子的时候，外婆说："它应该比谁都想活啊，可就是活不了。"

那时候我还小，不理解这句话的意思。现在想起来，那真是人世间最深的凄凉。

那夜公鸟失足跌落水管里，就在离母鸟咫尺之遥的地方挣扎。那叽叽喳喳的鸟语里或许最后有一句是：

"亲爱的，我逃不出去了。你一个人，要好好的。"

"——可是，你先走了，我怎么能好啊？！"

2.

直到今天我家都再也没养过金刚鹦鹉，这是外婆定下的。

每当她提起当年的那两只鹦鹉而唉声叹气时，外公一如往常地在一旁笑话她。

外公当年是家境富庶的大家少爷，曾祖父光是姨太太就有七八房，其中一个还曾是歌厅头牌。

我曾经随着家人祭祖路过祖屋，祖屋是大格局的西洋楼，细致的雕花铁窗都在诉说着当年的气派。若从外公那一辈算起，我也能算半个"家道中落"了。

但无奈外公是个半生被悬挂在时代浪潮尖上的人。他刚从同济大学毕业，就遇到了缺衣少食的年代。那时他的父辈早已没落，姨妈和大哥又远隔着台湾海峡，一家人大江南北四下分离。

一时间，柴米油盐成了比知识更为难得的什物。他出身大户，大手大脚惯了，块头大，吃得多，粮票、油票的定量只够他二日饱腹十日饥。

就在那时，被饿到浮肿的外公经人介绍认识了在国营杂货店工作的外婆。

初次见面，她甩着两条乌青的大辫子嗤笑他：有知识算什么本事？先吃盐把肿消了再说。

其实，在那个人人缺衣少食的年代，要弄点吃的谈何容易。大辫子姑娘却自有办法，她把自己的盐全省下来给他，每天关店前都把店里卖空的盐袋子泡在水里，泡出满满一缸盐水。

后来人们都说外婆是大脚文盲高攀了高才生。

可是外公说，他忘不了那个画面——甩着大辫子的姑娘满脸红扑扑的，一路小跑过来，往他手里塞了袋盐。

外婆爱吃大鱼大肉，后来日子过好了，更加变本加厉，仿佛要把年轻时少吃的那些都补回来。小时候我吃饭掉了一块肉，她都把筷子伸过来敲我的碗沿，用手戳着我的脑袋怪我浪费粮食。所有的食物，能红烧的绝不清炖，能打卤的绝不五香，能多放二两盐绝不少放，怎么香怎么来。

就是这样爱吃大盐大油的外婆，这几年突然开始清淡饮食，每天晚上都固定要看一档养生节目，比年轻人追剧还要执着。

每次菜一上桌，外公立刻皱眉："太淡！"外婆气得骂他："自己不知道自己血压高得吓人，死老头子……"

那个"死"字还未出口，就觉得忌讳，赶紧闭口不言。他们的"饭桌战争"旷日持久，我们这些小兵小卒，每次都要被迫站队。

外婆的牙齿提早退休了，外公就取笑她是"没牙老太"。外婆绝地反攻，说外公是"秃头佬"，还特地把菜煮得稀烂，糊成半流质，假装自己还能嚼能咽。

笑过之后，外公偷偷地把我拉到角落里，摸着自己渐高的发际线，说外婆牙齿不好，让我不要总抱怨外婆的菜煮得太烂。

老两口年轻时恩恩爱爱却没有什么共同爱好，老了倒是培养起了共同爱好，喜欢看别人老当益壮的案例，尤其喜欢听长寿村的新闻，桌上整天摆着一摞养生手册，日日共读。

到了一个年纪，再去看两位老人，好像理解了他们的互相珍惜。

3.

我们家是旧式的南方家庭，男主外，女主内。

60岁之前的外公堪称是修电路的宅男，从未碰过油盐酱醋和锅碗瓢盆，分不清大葱和韭菜。每天坐在老爷凳上一声令下，外婆就端菜上桌。

直到有一天，外婆开始假借腿脚不便，让外公上超市买菜。因描述不清超市的位置，外婆就大手一挥画了张路线示意图，一看就是处心积虑地偷懒。

第一天，外公买回还有一周就要过期的脱脂牛奶，被外婆骂得狗血淋头。

第二天，外公买回厚皮白瓤的西瓜，又被外婆说了一顿。

后来每次我一回家外公就来诉苦："你外婆反了天了，净折腾我这把老骨头。"但买菜的技术也越来越娴熟，不仅知道了怎么挑水果，还知道活鱼要在柜台算完钱后拿到小窗口现宰。

每次外公介绍桌上的哪道菜是出自他手，外婆就很得意："我教的好徒弟嘞！"

只有外公学做菜还不够，外婆还在每周末的早上拽我起床，让我学着一起做，美其名曰"要懂得抓未来老公的胃"。我解释说网络上都有食谱，她得意又满足："你外公就吃得惯这个味道，别人做的他都吃不惯。"

谁承想，我的苦日子还不只如此。外公开始积极地教我换灯泡、接电线。我天生惧高，一踏到阶梯最高阶就忍不住哇哇大叫，时常被外公臭骂："你这么没用，我哪天说不在就不在了，外婆想要换个灯泡怎么办？"

我们家向来民主，从来不提什么"养儿防老"的理念。但这几年，以往思想最开明的外公变得常常强调孝道。

我喜欢周末赖床，他这时候就会背着手站在床头，怒气冲冲地冲我吼："休息日不起床帮外婆干活，白养你这么大啦！"

偶尔，他还对我提起太婆，说太婆嫁得晚，我出生时太婆的眼睛已经看不清了，实在太遗憾。一边旁敲侧击地鼓动我："快安顿下来，别嫁得太远了，到时候外婆有事情找不到你。"

他早已意识到自己失去了主导家庭大事的权力，只手握一点残存的威严。即便这样他也要全数用上，企图用一家之主的地位威慑着后辈——如果有一天他无法再保护他的小姑娘，拜托请你好好对待她，别欺负她。

他们害怕自己的离开对另一个人产生太大的影响，都在努力为对方塑造一个"我离开也不会有太大变化"的世界。

外婆信佛，屋子里摆着佛龛，初一、十五都要母亲去山里"拜拜"。外公信基督，偶尔会带我到教堂里唱诗。

外婆每次在家拜佛，第一句话就是要各路神仙保佑外公身体康健。

后来有一日，我坐在书房里，就听到外公在低声做礼拜，虔诚地祷告说自己的一切都源于外婆，希望神能赐福给她，延年益寿。

因为相爱，所以彼此的神明都在保佑着有着另外一个信仰的人。这反倒让我觉得，人世间所有的信仰，不过就是简单的一个"爱"字。

有时候，我还会想起那两只金刚鹦鹉。

爱情走到最后会是什么样子呢？大概就会变成一种深入骨髓的

想要努力共同活着的信念。人拗不过命运，真正的爱情到最后会变成两手周全的准备——想趁还能与你同路，为你把人生打点得妥妥帖帖，不论是我先走，还是我后行。

我曾经以为，在爱情里最需要提防的是争执、背叛、离弃。少年时最盼人间雪满头，情愿一路向北，愿爱如松柏最后凋。

但现在才发现，对于有爱的人来说，爱情到最后，是唯怕人间雪满头。

1991 年的少女，今年依然 24 岁

曾经有段时间，我和我妈的关系很差。

刚刚上高中的时候，我开始陆陆续续在报刊上发表文章，极爱读海子的诗歌，似懂非懂地把"海水点亮我，垂死的头颅"挂在嘴边。"少年不知愁滋味……为赋新词强说愁。"我当时大概就是那样一种状态，假装离经叛道，可骨子里还是个小孩子。

母亲批评我在书桌前磨洋工，我就要反驳一句"你只知道说我，自己当年为什么不用功一点读书"，不反驳心里就不痛快。青春期撞上更年期爆发的战争，在我们家越演越烈。

我妈怀我的时候年近 30 岁，在那个年代，算是晚育。

我上高中时我妈已 45 岁，突然变得很怕老，每天对着镜子担心自己的眼角纹和日渐松弛的皮肤。

年岁还小的我并不清楚女人意识到自己老了，不是在某个阶段，而是一瞬间的事。只觉得她越来越啰唆，还突然喜欢怀旧。

她开始回忆当年《排球女将》火遍全国的盛况，更免不了要说她年轻时最爱看的琼瑶剧。

我妈年轻那会儿，台湾的偶像剧在大陆风靡一时，尤以琼瑶作为编剧的"三朵花""六个梦"系列最为火热。电视剧里的主题曲《梅花三弄》是当时最火的歌，连 3 岁小孩都能够清楚地背出其中"梅花三弄风波起，云烟深处水茫茫"的念白。

可是到了我懂事的年纪，琼瑶剧已是老旧的回忆。那时的"日韩流"正异军突起，时尚杂志上是日本的模特，留着栗棕色的卷发，穿着性感的吊带裙。

我也背着母亲偷偷地买了电卷棒，自己在家卷头发。一次，因为技术不精，烫到了后颈，留下一块黑疤。当时疼得不行，只能拜托我妈去买药，结果被大骂了一顿："漂亮的人就算披头散发都好看，你看那些琼瑶剧里的女主角，清清爽爽的穿白色连衣裙多好！"

我们之间的关系开始陷入死循环——我觉得母亲所谓的流行早已悄然远去，而她执着地认为我关注的东西全都是糟粕。

当时我们班转来一个长得很好看的男生。班上人数太多，在原本四列课桌的基础上，又在中间加了一列小桌子。班主任为了保护我们的视力，每两个星期会按从左到右的顺序给我们调换一次位置。坐在中间一列的同学因为不好安排就不进行调换。那个男生就坐在最中间的一列，和我同一排。因为这样的安排，每隔两个月我都能在那个男生旁边坐上两个星期。

我表面上装作若无其事，一副云淡风轻的样子，但在心里却会数着日子，盼着那一天快点到来。

好不容易坐到那个男生旁边，可是两个星期实在过得太快了，一眨眼又到了要换位置的时间。

和他坐到一起的两周，我心里欢喜得不得了，每天回家总在不经意间说出一些关于他的讯息。

比如说，物理课我们两个被分到同一组，或是化学课时我们一起做实验。

我还曾假称自己上课没来得及做笔记，借来了他的英语笔记本，特意拿给母亲看，夸他的字好看。

我卷头发的次数越来越频繁，偷偷地在校服里面穿花边衫，这些都被母亲看在眼里。

有一天，母亲假装不经意地问我："你天天说的那个男孩子，到底长什么样子？"

我吓得赶紧矢口否认："我哪里有天天挂在嘴上的男孩子。"

但这帮我找到了个好借口。我以"我妈想知道你长什么样子"为理由，约了那个男生去拍大头贴。两个人在遮光的大棚里鼓捣了半天，终于拍出了一小袋照片。

我兴高采烈地拿去给我妈看。她正在看 CCTV 怀旧剧场，指着电视屏幕问我："你还记不记得你小时候陪我一起看过？那时候你还说'这个姐姐有小熊，我也要有小熊'，还问我东北长什么样子，闹着让我带你去那里看下雪。"

电视上播放的是《望夫崖》，一部很有 1991 年特色的"琼瑶剧"。我看了几眼，确实有些熟悉的，女孩子扎着两个小辫子，穿着传统的"秀禾服"，男生穿长衫马褂。

我鬼使神差地坐了下来陪她一起看，一方面是想找一找童年的回忆，另一方面大概是迫不及待地想等她看完电视剧，来看我新拍的大头贴。

小时候看《望夫崖》，印象最深的就是开篇时，刮着大风的山崖上站着身着一袭红嫁衣的女主角。于是我一直以为这是一个关于等待的故事，直到那次才真正看懂了情节。

女主角的父亲在东北遇险获救，为了报恩，在恩人离世后收养了他的儿子。男女主角青梅竹马，但女方家人传统守旧，认为女人就应该在深宅里等丈夫归来，在山崖上站成望夫石。

于是童年时她送出了心爱的玩具，只为他不再夜夜思念家乡的冰雪莽原。

她蹬着绣花鞋爬高不可攀的山崖，只为懂他一阕箫声中流转的乡愁。

她拽着他奔回东北的小马，楚楚可怜地问他："是我待你不够好，才让你想回东北去？"

直到有一天，这个在雕梁画栋、深宅大院里长起来的大小姐，忽而扑闪着大眼睛开了窍——"时代变了，我为什么要在这里站成石头，不做朵云追去呢？"

然后，有了他们苍山洱海的欢喜重逢，有了别开生面的云南婚宴。

雨果曾说过，爱情会让男人懦弱，却会让女人勇敢。

这一生，拽着你北上的小马驹誓不放手，追着你南下的快马涕泪涟涟，不如我一匹快马，赶得上相思。

在传统文化里，除了先秦时代的女子喊出过"纵我不往，子宁不嗣音"，其他时候女子多自居为"藤萝"，男子为"乔木"——藤萝终将依附乔木，乔木未生唯有相待。

中国女子的望是望不到头的，是望穿秋水，是望断心肠，是望夫成石，是一场场望尽千帆皆不是。

在这部画面昏黄的老剧里，藤萝扎了根，穿荆棘避灌木，遍伸藤蔓去寻找她自己的乔木。

我越看越不觉得这是个老旧的故事。它脱离了女性的被动身份，哀婉却不惆怅——就好像它和我头脑中的母亲也完全不一样。

那段时间我和母亲的对话奇迹般地多了起来。

母亲边看边说起高中时喜欢看琼瑶的书，常常在语文课上偷偷地放在膝盖上看。

母亲说高中时想嫁给海军，喜欢高仓健这样高大威猛的男子。

母亲说她上学时邓丽君的歌是被禁的，可是几个女孩子还是忍不住跑去邻居家偷听。

"我当时就想，世界上怎么会有这么好听的歌啊！"她陶醉地诉说着。

这一刻，我和1991年的少女彼此遥望，我甚至忘记了她是我的母亲。

她还破天荒地谈起与父亲的相识。母亲是个城里姑娘，初识父亲时，他刚刚从农村老家考到城里读书。

那时候农村的各方面都比不上城里。虽然外婆、外公不是迂腐的人，但母亲还是同家里搞了一阵拉锯战，才得以同父亲结婚。

婚礼那天正好赶上下雨。老辈人说结婚时下雨兆头不好，来看婚礼的乡亲在旁边议论："怎么可能会好，一个城里姑娘是多没有出息才会嫁到我们这儿来？"

村里没有铺路，她走在泥泞的路上，听着沿途的风言风语，抱着在城里租的西式婚纱大裙摆，硬生生把眼泪憋了回去。

长久以来，我都习惯于母亲生来就是母亲。我和很多年轻人一样，往往不加了解就贬损着不属于我们这个年代的东西。

我将母亲年轻时喜欢的东西全部归类为迂腐、老旧。我以为她不懂爱，我以为她没有青春过，却没想过，曾经的她比今天的我还要勇敢。

我忽然发现：原来母亲是可以了解我的。我开始同她分享一些少女的小心思，包括那个坐在中间那一列的男孩子。

开家长会的时候，我听到母亲央求老师把我换到中间那列，说是发现我总是斜着眼睛看东西。我羞得斜眼看她，她却一扭脸，给了我一个狡黠的坏笑。

从那时候起，我眼中的母亲开始变得格外可爱。她在楼下看到那个男孩子，还会特意上楼叮嘱我："别让人家等太久！"

我有时打退堂鼓，她知道后就给我打气："交个朋友也好啊，你要是畏畏缩缩，以后连朋友都没得做。"

有时候我在想，我们用光影留住的到底是什么呢？或许，它存在的意义就是让我们跨越时间和地域，去了解自己生存维度以外的人与事物。

我开始觉得，母亲的过去就在我的身体里滋长，只是以一种不一样的方式和状态。那个 1991 年坐在电视机面前幻想着未来的可爱少女，变成了如今的我。

我和那个男孩最终也不过是止于友情。后来在同学聚会上，我们谈起这一段感情，都觉得那时候单纯得可爱。

　　可有个道理却是历久弥新的：所思在远道，身未动心已远，不如即刻起身，自己备好辔头鞍鞯，长鞭一挥，管它北上南下，谁还挡得住你追去？

父亲是条摇滚虫

1.

小的时候，老师问我们长大以后要做什么。话音刚落，小伙伴们便七嘴八舌地嚷了起来，有的说要做画家，有的说要做科学家。

那时候我以为世界上有一种约定俗成的规矩，所有厉害的人都应该被叫作"××家"，书法家、画家、科学家……

我也举手，说我要像我爸一样，做个摇滚家。我记得当时老师摸了摸我的头，告诉我那叫摇滚乐手，这是我第一次记住了父亲的职业。

从有记忆开始，父亲回家的次数是可以掰着手指头数出来的。还不用算上两只手，一只手就完全足够了。

有一次，他半夜演出完，醉醺醺地回了家。看到熟睡的我，一时酒劲上头，开了瓶白酒就往我嘴里灌。

　　幸亏母亲被我的哭声吵醒，及时拦下来。她心疼得不行，吼父亲："你这个爸爸是怎么当的？"父亲像个做错事的孩子一样，局促不安地靠着墙根站着，酒醒了一大半。

　　这件事情后来成了母亲的笑谈，只有我一直耿耿于怀，将它视为父亲不负责任的罪证。

2.

　　父亲曾经自负地觉得，他的女儿生出来的第一声啼哭都是自带韵律的。结果等我长大，我把嗓子都唱哑了，还是不能在老师那里换来一个及格。我爸不信这个邪：摇滚的爹怎么能生出一个连一点音乐细胞都没有的女儿？

　　直到我有一次被舞蹈老师夸奖有天赋，我爸大喜过望，自以为上天把他的艺术天赋换了种形式遗传给了他女儿。

　　父亲为我规划好了成长的轨道，每周末去少年宫学舞，等到初中直接上舞蹈艺校。他周末不再去排练，而是带我去少年宫学舞。

　　那时候的爸爸，放到今天来看，就是个名副其实的潮爸。别人记忆里的爸爸都是骑着吱吱呀呀的破自行车，而我爸每周末骑着摩托车，昂着脑袋风驰电掣地从街头驶过。

　　我坐在他身后，眼睛被风吹得看不见前路。只有耳朵还能在风声里依稀辨认出父亲的声音——他喜欢唱黑豹乐队的《无地自容》，永远都循环在那一句"我不再回忆，回忆什么过去。现在不是从前的我"。

我在舞蹈室练舞，父亲就背着写有"舞"字的粉红背包站在门口。

每当我从教室里出来，他都献殷勤一样地迎上来问我"今天练得怎么样啦""老师有没有表扬你"。

我每次都面无表情地从他身边擦过，心里想的是，终于结束了乏味又痛苦的训练。

3.

到上初中的时候，身边的很多同学家都已经有了小轿车，我爸还骑着当年那辆摩托车。

他在一家琴行教吉他，没有课的时候，还兼职推销琴。推销琴是有提成的，但他月月"吃零蛋"。琴行的人揶揄他，人是有"才"，却是缺"财"。他把梦想都寄托在我的身上，我却开始暗自打退堂鼓。

一次，我们被老师带去户外演出。演出的地点是个远郊的新楼盘。结束时天色已晚，老师挨个给家长打电话，让来接孩子。

其他的家长开着小轿车来，陆续把自己的孩子接走。就我爸一个人骑着旧摩托车"突突突"地停在我跟前，大手一招："还愣着做什么？上来吧。"

我不知道是因为太委屈，还是因为天气真的太冷了，一行眼泪顺着冻红的脸颊淌下来。为什么别人的父亲都开小轿车来，而我的父亲却这么寒碜？

父亲给我戴安全帽的时候，我不知道哪里来的勇气横下心说："爸，我不要练舞了。"他错愕地看着我，试图劝说我，以为我还是小时候那个用玩具就能哄好的孩子。但这个决定，我已经在他不知道的时候思考了很久。

"站在舞台上是你的梦想，不是我的！"

"我们同学的爸爸都有小轿车，只有你骑这种破摩托车，前后左右都漏风！"

"你以为我想像你一样活着吗，在台上像条龙，在生活里却不如一条虫……"

他一路上再没讲过话。

晚上，他的房门半掩着，我生怕他不同意，偷偷在门口听着。门内没人说话，只有重重的叹息，还有突然高亢起来的歌声："我不再回忆，回忆什么过去。现在不是从前的我……"

那首歌，父亲已经好久好久没有唱过了。

回到房间，我很快就睡下了。我对自己说，我没有必要为父亲的梦想埋单，我是对的。我一点都不残忍，我只是做了一个自认为对的决定。

我告别了只读了半年的艺校。幸好，初一的课程不难，我很快就跟上了。

4.

父亲还在琴行里教吉他，也开始努力推销琴。有一天，琴行的人给他算业绩的时候说："你什么时候开窍了？"

他买了便宜的二手车，偶尔还是会送我上学。我们俩沉默不语。路过艺校的时候，我突然感受到他把目光投射在我身上。我顺着他的目光转过头去，他赶紧局促地握紧方向盘："别看我，看书。"

之后的日子里，我再也不做软开度训练，开始安安分分地读书、考大学。

去大学报到的前几天，他给我办了个成人礼仪式，趁我妈不在的时候偷偷地带我去夜场。

那是他曾经唱过的夜场，人很杂。有身穿露脐 DJ 服的小阿姨带着笑走下台来，用手抚摩了下我的脸。

她看起来很年轻，可是在一闪而过的走马灯下，显得疲惫而沧桑。

"哟，这是你的女儿啊？长这么大了。"

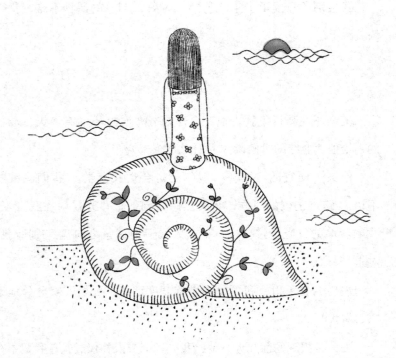

"可不是，9 月份就要去读大学了，明天我就送她走。"

我爸伸过手，很有力地揽了一下我的肩。

小阿姨凑近我，我以为她要仔细打量我，却没料到她轻轻吻了一下我的脸颊。

"你爸爸当年可是我们乐队里的一把好手，后来有了你……"

她看了看父亲的眼色，换了个话题："不过谢天谢地，你也长成个大姑娘了。"

父亲带我开了我人生的第一瓶酒。有父亲在身边，我放心地喝到满脸通红。他说："带你来见识一下，免得好奇。以后要是朋友带你来，你可千万别来。"

父亲顿了顿又说："这么不能喝，你看上去都不像我的女儿。"

那是爸爸第一次对我说"你不像我的女儿"，失落里带着一份骄傲。他红着眼眶，好像在说：爸爸只能陪你走到这儿了，前路叵测，你要自己保重。

5.

电影《摔跤吧！爸爸》里，曾是摔跤手的父亲努力把女儿培养进了国家队。女儿学完新的技术，却回来同父亲进行了一场比赛，用战胜父亲来证明"你教我的都是错的，你的那一套已经老了"。

我比电影里的女儿更不通晓人意。我直接否定了爸爸的梦想，否定了他的一切，只希望能够走出一条自己的路。

从决意逃脱父亲控制的那一刻开始，我就以为我在自己孵化自己，哺育自己。我活得刚烈而凶猛，却忘记了这一切都源于父亲放手的温柔。

龙应台在《目送》里写道："我慢慢地、慢慢地了解到，所谓父女母子一场，只不过意味着，你和他的缘分就是今生今世不断地在目送他的背影渐行渐远。你站在小路的这一端，看着他逐渐消失在小路转弯的地方，而且，他用背影默默告诉你'不必追'。"父亲懂得这个道理。他明白作为一个父亲，最好的陪伴就是，像一个战争结束就撤退的士兵，沉默不语地消失在我人生的拐角处——尽管这一切是如此残忍。

父亲曾因为我的存在放弃了他引以为傲的梦想，为我营造安稳的家庭环境。后来，他希望我能继承他的梦想，但他一次又一次地放手，让我成为和他完全不一样的人。

摇滚是反叛、是颠覆，而爱是在任何处境下的深情久伴。

我在父亲决定彻底不再插手我生活的这一刻，感受到了一种从未体会过的孤独。我意识到，他对于我，本质上已经是纵贯一生的长久陪伴。

6.

我上大学是 2011 年。

那年春节我回了一趟家，看到春节联欢晚会上旭日阳刚正在演唱《春天里》。

两个老男人嘶声唱着："可当初的我是那么快乐，虽然只有一把破木吉他，在街上在桥下在田野中，唱着那无人问津的歌谣。"

　　我爸抱着他的老吉他跟着唱。他是真的老了，声音远不如从前，只有按弦的手还灵巧着。

　　我以为他在追忆昔日时光，结果他不由分说地把我搂进怀里。

　　歌词正唱到"那时的我还没冒起胡须，没有情人节，没有礼物，没有我那可爱的小公主"。

　　"可是我有可爱的小公主哟！"他说。

做一个自己当孩子时幻想出来的妈妈

从小，我的同学们就知道我有个"神奇妈妈"。

小学的时候，学校每次发练习册，老师都要叮嘱我们带回家包书皮。

每次一发新练习册，我都会一蹦一跳地带回家，隔天就会拿到一本完全不一样的练习册。我妈喜欢用带小花的漂亮礼品纸给我包好书皮，还会用毛笔在书脊上写上科目名和我的名字。每次发练习册时，我的练习册都能从一堆塑料一次性书皮中脱颖而出，让我远远就能认出来。

"林一芙的练习册！"每次听到组长发练习册，我都故意拖延拿练习册的时间，想让大家多欣赏一会儿我的练习册书皮。

我妈似乎永远有时间倒腾一些新鲜古怪的小玩意儿。比如，我蓝白相间的校服小裙子上，永远都多一只妈妈缝上去的小兔子。再比如，我的笔袋是妈妈缝的，用的是做衣服的边角料。妈妈将笔袋交给我的时候，特别郑重其事地对我说这是世界上独一无二的限量版。

我竟然傻乎乎地信了，还煞有介事地告诉同学："这个笔袋有钱都买不到，你们都要轻拿轻放，别弄脏了。"于是，一群和我一样傻乎乎的同学们，用手小心翼翼地摩挲着，生怕将它弄坏。

我一直以为母亲的精致源于外婆，但我发现，我的外婆并不会包书皮、做笔袋。她是个手很拙的人，修补出的围裙针脚粗糙得让人怀疑这出自刚学缝纫的小朋友之手。

有一次，我带着笔袋到外婆家写作业，被外婆看到了，她撇了撇嘴："你妈妈从小就喜欢做这些华而不实的小玩意儿，不爱干点儿正经事。"

上中学的时候，我开始爱听那些流行音乐。那正是国内唱片业最风光的时候：当你路过大排档时会听到陈慧琳的《不得了》；广场舞阿姨们居然也会跳妖娆的《波斯猫》；后来的巨星周杰伦、蔡依林还是初出茅庐的新兴歌手……

学校里，一些家里经济条件不错的同学买了 MP3。他们会故意将耳机线挂在脖子上，明晃晃的，生怕别人不知道。

校园的长廊里，情窦初开的少男少女，将一只耳机塞进喜欢的人的耳朵里，一起分享音乐。那一刻仿佛周遭万籁俱寂，而两人独自拥有新天地。

我小心翼翼地在课本的扉页抄着歌词，像只惊恐的小鹿一般怀揣着这份喜欢，生怕被人发现。同时将买一部新款的 MP3 当成了最大的奢望。

但那时候，MP3 是个奢侈的物件。那些咬字不清的流行音乐更被老师们认为是坏学生才会听的"不良音乐"。每天进校门都有两个站岗的学生搜书包，搜到了 MP3，就会通知家长并通报批评。

我给我妈听最新的流行音乐，试图游说她给我买一部 MP3。结果我妈一听，就把眉头皱成团："唱的什么鸟语，一句话都听不懂。"

没想到第二天早上醒来，她却突然答应，并提出了条件："如果你每天晚上的作业都能在 9 点前完成就加 1 分，考试每提高一个名次就加 10 分，加到 100 分，我就帮你买一部当时最新款的MP3。"

我一算，这笔交易再划算不过。只要每天早早做完作业，一百天后我就能拿到自己最想要的 MP3 了。我把抄下的歌词贴在笔记本的第一页，每天放学先去邻居家找学习好的同学一起做作业，除了学习几乎是心无旁骛。

没想到梦想比想象中实现得更快，一个月后的月考，我破天荒地进了年级的前十名，第一次被贴在学校走廊的光荣榜上。

我妈兑现诺言，让我如愿拿到了梦寐以求的 MP3。拿到它的时候，我妈自顾自地回忆说："我年轻时喜欢看电影，还偷偷筹钱买《大众电影》（杂志），可惜全被你外婆扔掉了……"

那时候，我正沉浸在拥有一部新 MP3 的喜悦里，根本没有注意听母亲在说什么。

就这样，我妈帮我包着书皮、陪我哼着流行音乐到了我上大学。

毕业后我做媒体工作，但实习并不顺利。我供职的那家纸媒，本来就有日薄西山的趋势，加之业绩常常不稳定。

我眼睁睁地看着同样刚出校门的同学们通过父母的关系进入一些好的单位。而我们家往上数几辈都是老实巴交靠手艺吃饭的，没有人接触过媒体。

人在失败的时候，似乎找一个人怪罪就能减轻自己的挫败感。我把对工作的不满都转嫁到了母亲身上，莫名其妙地对她发牢骚："在工作方面你一点建议都不能给我吗？"

我以为自己活得披荆斩棘，其实我心里比谁都怕输。

原本我是为了内心的快乐选择这个行业，可是到头来却只能眼睁睁地看着快乐在其中消磨殆尽。低薪资加上那几年不断衰退的纸媒环境，让我一度陷入了自我怀疑的沮丧里。

我的沮丧被妈妈看在眼里。有一天，她把我叫到身边，讲了一个关于她自己的故事。

我妈年轻时学的是服装设计。就读这个专业的女孩能得到一个到工厂工作的招工名额，在那时是一件值得烧高香的大喜事。

我外婆年轻的时候正好赶上了大饥荒，日子过得很苦。在她眼里，在工厂里能赚一份十年如一日的稳定薪资，吃喝不愁，已经是最好的生活了。所以，她自作主张给我妈换来了一个招工名额。

但可想而知，工厂的生活对 20 多岁的年轻人来说有多乏味。母亲每天都做着差不多样式的打版，偶尔工厂会来一批"大货"，还要跟着全体工人通宵达旦地加班，几天下来，眼圈熬得通红。

这份工作在外婆看来很好，可是母亲不喜欢。身边家庭条件好的同学挨不下，纷纷交了违约金，被父母接走。母亲也想要走，可外婆却不同意："我们家唯一的一个进厂的名额都给你了，你还有什么不满意的？"

"可是我也想有我自己的人生啊！"母亲吹着当时时兴的高耸发型，大声地反驳。

当然，拗不过外婆，母亲还是循规蹈矩地继续在厂里做了下去。没有怨吗？当然有。20 岁出头的青春，就在一针一线里缝走了。

当时，年轻人流行去舞厅。女孩们为了能在舞池吸引异性的注意，还特地托人从香港那边带"码头货"。

母亲每天在工厂里埋头苦干，只能看着视频学跳舞。服装厂里都是女工，连练习的男性舞伴都没有。

她第一次去舞厅，发现遍地都是好看的男孩子。

可跳第一支舞的时候，母亲就踩到舞伴的脚。那是个漂亮的男孩子，眉毛淡淡的，白净又清秀，忙不迭地说着"没关系"。出于羞愧，母亲最后还是害羞地溜掉了。

人生里的第一场舞会，就这样变成了心酸又遗憾的回忆。从那以后母亲再也没有去过舞厅。

那时候，张瑜的《庐山恋》正在电影院里热映。电影里，勇敢的少女在情到深处时亲了一下喜欢的男孩，成就了"中国电影第一吻"。

母亲托人从香港带了一本张瑜做封面的《大众电影》，三毛三一本，算是那个年代小城少女的奢侈消耗品了。她怕被外婆知道，小心翼翼地藏在角落里，却在某一天发现自己心爱的杂志被外婆拿去垫桌脚。母亲没忍住，在房间里抽抽噎噎地哭了一个下午。

"所以，那时候我就向自己许诺，未来我的女儿可以成为任何她想要成为的人，我会尽我所能给予她自由和快乐。

"可能你觉得你现在得到的一切都不够好。但我想让你知道，妈妈在年轻的时候，是多么渴望这一切。"母亲这样对我说。

我开始了解那些包书皮和陪我一起听流行音乐的岁月代表着什么。

母亲的母亲，将她年轻时无法得到并认为最好的东西——安稳和平静，给了母亲。

而母亲将她觉得最好的东西，自由和快乐，给了我。

这是关于母爱的传承，尽管传承下来的是大相径庭的两件事，却都是她们在当下认为最好的东西。

"人只能活一场，你怕什么输，你输了就回家，"我妈说，"我只希望你在人生的下半场不会感到后悔。"

其实，每一代人都在下一代人的生活中，弥补了儿时未竟的梦想。于是，为人子女，总会忍不住埋怨，觉得父母将自己年轻时没能力完成的梦想变成了背在下一代身上的包袱。

但这就是普通父母的人生啊，没有太多的模板可以参考。

可是，每个妈妈，无论她在子女眼中多么失败，她一定都尝试过努力做一个自己当孩子时幻想出来的妈妈。

"这世界上最好的东西，我没见过，所以只能将我觉得最好的东西悉数给你。如果妈妈有什么做得不对的地方，就等你有了女儿之后再去修正吧。"

这是我的母亲，大概，也是全天下的母亲。

原谅我也是第一次为人子女

上一次和我妈吵架是在我大四快要毕业的时候。

那时候我在医院实习，实习的工作强度太大，以致我每天闻到消毒药水的味道都有一种要作呕的感觉。

我在肿瘤内科实习，每天来来往往的都是重症病人及家属，稍有不慎就会成为病人的出气筒。

我习惯了和颜悦色地面对每一个病人，在他们歇斯底里时思考最妥当的解决方案，同时在医院老师们面前做最听话的乖学生。

但在那段时间里，我频繁地跟我妈吵架。有时候回到家里，身心俱疲，就直挺挺躺在床上。我妈有洁癖，从客厅进来随口唠叨了一句："怎么也不把床单拉平再躺？"

我瞬间就炸毛了，坐起来吼她："你没看见我刚回来，床单皱一点有什么关系，我才刚刚有睡意，又被你吵醒了！"

考大学报医学专业是我自己任性选的，那时候年少无知一心只想脱离父母熟悉的领域，这才导致了毕业时的纠结迷茫。

彼时，妈妈没少挨我的数落和责怪：

"别人的妈妈在高中时候就开始为儿女铺路了，你当初为什么不给我建议？"

"你从来没有为我的未来负责过。"

……

或许，人落在低谷时，不亲手把责任推给另一个人会活不下去，而归罪于身边最亲近的人就成了最便捷的方法。

我在外越是乖巧，回家便越是任性，并且自以为这一切无可厚非、是可以被原谅的。

渐渐地，我妈对我说每一个字都开始变得小心翼翼。她对待她的女儿，就像对待一个在门口挂着"请勿打扰"的生客。

她会偷偷在我包里塞小点心，晚上和我一起讨论电视剧；她在电视上找食谱，学新菜，生怕那些老掉牙的菜色满足不了我的口味；每次推开我房间的门总是小心翼翼，想要说些什么，话到嘴边却咽下，怕我听了心烦……

我想，她一定在暗地里准备了一百种试图让我变得愉悦的方法，却找不到一个奏效的。

那一段时间，我在医院常常吃瘪，自己好不容易做好了消毒准备上岗，病人瞥到我实习生的胸牌就要求换人。

我妈是个特别怕疼的人，后来有一次，她体检回来很兴奋地给我看她手上的针孔："我今天去体检，人家给我扎了四针才扎进去。"

我说："怎么就傻傻地让别人扎了四针，完全可以让她换个人来。"

"我今天遇到一个和你差不多大的实习生，她问我能不能让她试一下。我看到她就想起你了。"

"我想，我现在多给别人一点机会，以后别人也会给你机会。"我听得鼻头一酸。

我们家没有人在医疗行业，谁都不清楚这个新的领域是怎样的。我妈就用这样笨拙的方法，暗自期待着世界能对她的女儿好一点。

那是我第一次觉得，在为人子女这件事上，我是这样的不合格，甚至是只能得个零分。

我不知道是不是有很多人和我一样，习惯把父母当成最后的堡垒。以为自己在外屁成一个草包，扎一身长短不一的刺，就可以转过身来，扎在父母身上。

对外人发泄情绪，可能会因此遭到讨伐。为了避免受伤，我选择点头哈腰、一味讨好。

可我总觉得在外面受的委屈需要找到一个途径发泄，这时候我找到了父母，因为那是我发泄情绪成本最低的方法。

心理学上说，人有一些内在不可见的想法，这被称作潜在信念。

我们在潜在信念里认为，在社会上我们要为自己的所作所为负全部责任。而父母就像海绵，只要不吸纳到极限，他们会将一切无论好坏地照单全收。

曾经看过台湾童星杨小黎的一个访谈，她说小时候拍哭戏，刚开始导演伯伯们都告诉她"你要是再不哭，妈妈就丢下你走了"，但这招越到后面越没有用，因为她发现每次都说要走的妈妈，总是偷偷在旁边帮她拍照。

聪明的孩子从小就知道，父母说了两百遍的"你要再哭，我就让大灰狼把你抓走"是永远不会实现的谎言。倘若真的有大灰狼到来，他们只会挡在最前面。

子女洞察了父母的软肋就是自己后，往往忍不住恃宠而骄地撒泼任性。用妥协的眼光看世界，却用挑剔的眼光看父母，这大概是天下为人子女者的通病吧。

我妈总是说："很抱歉，没能够帮助你什么，因为我也是第一次为人父母。"

可是妈妈，请原谅我也是生来第一次为人子女。

爸，我们做的坏事别让我妈知道

前几天，我和朋友咖喱一起走在路上，看到超市门口有一块很大的标牌，写着父亲节快乐云云。

咖喱转过头问我："今年的父亲节是什么时候？"

我不确定地说好像是在"618"。咖喱白了我一眼，说："脑短路了吧，'618'是京东的年终大促，你是不是广告语听多了？"

然后我们同时掏出手机核对了一遍，发现 6 月 18 日还真是今年的父亲节。

我们一起感慨，"丧偶式育儿"中的爸爸们存在感还真的是很弱。

我从小就没有听过父亲讲故事。唯一一次他一时兴起非要给我讲故事，因为我哭闹着要找妈妈，被他暴揍了一顿，挺啼笑皆非的。

福建的孩子小的时候应该都听过"金碟豹"唱片，里面是闽南歌。最明显的标志就是每支 MV 的开头都会有只一闪而过的金豹。

那时候好像有一种时尚，就是 MV 里的女人多是穿着比基尼在舞台上扭动，在干冰里若隐若现，展现出一种原始又质朴的性感。

最著名的就是那首《爱拼才会赢》，那时候我们家的影碟机刚买不久，我爸看着扭动的腰肢两眼就会放光。我就跟着他看，两只眼睛跟着他一起放光。

咖喱的父亲和我爸不一样。她家是我们小区少有的"双公务员家庭"。别人家要么是慈父严母，要么是慈母严父，她家是"严母严父"。

他的父亲在家里更像是规矩的制定者。从咖喱小时候开始，他就严格地为女儿规划着人生：什么时候起床，什么时候睡觉，什么时候写作业，花多长时间穿衣服，做错了事要怎么惩罚……统统都白纸黑字地写成表格贴在床头。

但就算是这样的父亲也有"越轨"的时候。

咖喱小时候，家里买了钙奶糖，就是一种带甜味的补钙片。母亲怕她偷吃，把罐子藏在衣柜最高处。到了周末母亲去值班的时候，咖喱就眼巴巴地看着衣柜顶。父亲坐不住了："别让你妈知道，就吃一片……"但父亲常常忘记及时放回柜顶，咖喱连吃三五片是常事。

上学后单元考试卷子都要带回家给家长签字，成绩退步太多咖喱就要挨打。但她自有妙招，每次考砸了都趁妈妈洗澡的时候，把考试卷子交给她爸签字。

"这回考得不是很好啊！"她爸眉头一皱。

"下次会努力的。"咖喱只要一摆出虚心认错的表情，她爸就立即心软，随手签上大名。

"不要让你妈知道啊！"

我们这一代孩子，父亲真正以温情的姿态参与童年的并不多——那么，父亲存在的意义究竟在哪儿？

他们喜欢立规矩，又喜欢打破规矩。天知道那句"别让你妈知道"里，隐藏着多少第一次挑战权威的快乐。

前一阵子和朋友聚会。到了地点，其他人还没到，我就在附近的一家面包房里坐下来。

我隔壁坐着一对父子，孩子刚刚学算术，父亲就让孩子记录下蛋糕的名字和价格并且进行对比，要他找出店里最贵和最便宜的蛋糕。小男孩非常认真地找了一圈，又向服务员姐姐核实之后，兴高采烈地来告诉父亲。

父亲把孩子抱在腿上，额头对着额头："不愧是爹的儿子！"这父亲满脸红晕，就和喝过酒似的，比孩子更像孩子。

同样的事情，母亲会用"你来帮帮妈妈"的口吻来鼓励孩子，而父亲则是——"你小子真行！"

所以做同样的一件事情，孩子的出发点是不同的。对母亲是呵护，对父亲则是兄弟之间的互帮互助。

可是这种对父亲的崇拜什么时候变了呢？

当我越来越长成一个有个性的年轻人，学会自己去打破规矩，甚至对陈旧的规矩嗤之以鼻时，父亲在心目中的地位就一寸一寸地低了下去，渐渐成了只有手头钱不够时才会想起的人。

母亲节前一两周就有花店在门口竖起广告牌，提醒你：康乃馨代表着对母亲的爱。而父亲节的广告多是树立在超市门口，广告单里说：给父亲买皮夹、买领带、买夹克衫……这让我在很长一段时间里，误以为成熟男人不再需要浪漫。

其实正是这个蔫巴的怪老头子，偷偷陪着我们在童年做过多少浪漫而刺激的事啊。

他帮我擦过因为偷吃而沾满糖浆的嘴，他帮我签过一份"天知地知，你知我知"的家长通知书，他带我喝了人生的第一口酒把我呛得不行，还一脸坏笑地问我"好喝吧"。

他还有个口头禅叫"别让你妈知道"。不过，时过境迁，这话要换我说了：

"爸，咱们俩好久不见，什么时候出来喝顿酒，记得，别让我妈知道。"

给未来的小孩留下的时间胶囊

前段时间，看到一个活动，叫作"给你未来的孩子留一封信"。我觉得这件事情很有趣，就像小时候摆一排芭比娃娃过家家。当一个年轻人学着用循循善诱的语气教导他人时，其实也是在用文字与自己和解。

人总是在教训别人的时候显得最理直气壮，那么，不妨诚恳地教训自己一回。

"我亲爱的未来小孩"，当我写下这抬头时，坦白地说，我还不能确定自己是否会想要孩子。

关于这封信的时间，我敲定了许多遍，最终决定以人类的平均婚育年龄推迟了几岁为准。

如果——我是说如果——2035年，我42岁，你12岁。那么这将是你人生里有资格过儿童节的最后一个年头了。

这意味着你将要从妈妈这里得到一些成人世界里的小秘密。

我想告诉你的第一个问题，叫"别人的评价"。

心理学上有个概念叫过度补偿，人由于早期生活中某些东西的缺失，大概率会对钱、事业、成功、关爱形成一种执念。

我们成年人通常喜欢将失去的或儿时未曾得到的，在有能力时补偿给自己。但童年既已逝去无法重来，所以只能补偿给你。

我曾经有一个很深的执念，就是想将我缺乏的一切递送予你。

当我缺少玩具的时候，我会想，以后我要攒很多钱给你买很多玩具。当我面对父母无法给我更多的建议的时候，我会想，未来我要做能时刻为你指出一条"最对的路"的母亲。甚至当我在看见别人家的漂亮孩子、聪明孩子时，我都在心里说，我的孩子也千万要照着这个模子来长啊！

我 12 岁的时候是这样想的，所以我猜，你现在应该也在为自己缺乏的东西忧心忡忡，因而漠视所拥有的东西。

你已经 12 岁了，我想你一定从小朋友和老师那边得到了许许多多的评价——关于物质条件、精神氛围或者天赋。

你应该意识到了自己不是个天才。这一点我很肯定，毕竟仅凭你母亲的资质，即便用门萨俱乐部的种子选手中和，结果也应该是不尽如人意。

你会将别人的评价作为衡量自己的标尺，无可厚非。但你不应该是为了弥补缺陷而存在。

是狮子就学会扑杀猛兽，是狗就学会忠诚守家。善待你的欠缺，而优待你的天资。

我想和你讨论的第二个问题，是"自己的观点"。

普通人的表达本来就是相当主观的。有人说花很美，就会有人反驳说"并不是所有的花都是美的"。有人说这本书很好看，就会有人反驳说这本书一点深度都没有。

当你表达一些平庸的观点，会有人置若罔闻，让你失去表达的欲望值。如果你发出刺耳的声音，所有人又会掉转矛头，过来污蔑你、践踏你的尊严。

你是不是曾在某一刻不知道要怎样应对？

这时候，我想告诉你一个思考方法，叫"假如我们在谈论大海"。

当有人说大海是会淹死人的，这时候你要举手赞成他的观点，因为这是事实。你看过百科全书，也听过海水淹死人的新闻。当然就算这样，你还是可以质疑，去亲身尝试，只是别忘了带上游泳圈。

当有人说大海是蓝色的，而你不这样认为，你可以大胆去表达并佐证自己的观点，带他去看深海的绿和光影下的橙。但你必须知道：被误解是表达者的宿命。你选择了表达，就要尽力去佐证自己的观点或者无视他人的意见。

当你在感慨大海的辽阔时，可能会有人一直在你身边说大海会淹死人，那妈妈希望你远离他。

我们总是习惯性地把一些后天产生的特质，曲解为"天生存在的"。比如，温柔，中肯。

在很小的时候，我们认为花朵永远都会是盛开的样子。到了再大一点，我们开始知道冬季花会枯萎，于是我们憎恶冬季。

这种爱憎分明会随着成长变得淡化，越成长，我们越能欣赏一年四季。所以，中肯和温柔并不代表没有个性，更多时候是一种经历了世故后的选择。

　　妈妈希望你不要因为大海会淹死人，就无视它的美。

　　这是我的生活经验，虽然幼稚，但希望你觉得受用。

　　告诉你这些，虽然可能并不能让你在这个世界上活得更好，但或许能让你在这个世界上活得更快乐些。

Chapter 3

一边跟跑前行，
一边重整旗鼓

也没多赚几个钱，为什么不回家来

前段时间有一篇文章火了。文章里写道，在这个时代里，所有的大城市对年轻人都不友好。

可与之相对的是，每年仍有许多毕业生将大城市作为就业的第一站。他们中间不但有受欢迎的顶尖院校毕业生，还有大量非名校的毕业生。

他们在大城市里做着一份普通的工作，每次回家，都面对着"北上广返乡青年们"共同面对的问题：

"你也没多赚几个钱，为什么不回家来？"

回家，日子会很安逸，可是大城市总有一些原因让人想要留下来。

前段时间，我跟几个在大城市里工作的朋友聊天，他们提到了各种到大城市工作的理由。

一、自以为关系要比规则来得快

凯哥的老家在南方的农村。

前段时间，他小姨夫吃了官司，全家人急得上蹿下跳。小姨选择信任律师，姨夫那边的亲戚放言说，小姨就是不愿意掏那几十万块钱去打点关系，等着让姨夫坐牢。消息四处传开，他小姨一个女人家除了每天四处奔波地想办法，还得忍受流言蜚语。

大家长期累积下来的习惯，让他们遇到问题的时候，总觉得关系要比规则来得快。

因为不相信制度公平，所以会花更多的精力，去打点一些几乎无用的"关系"。你家出了事情，身边能有几十家亲戚突然拥上前去，各自都好像手握实权似的，真要落到实处，却又根本无从说起。

于是，遇事如盲人摸象，除了迷茫，还是迷茫。

这世界上当然没有绝对的公平，但是大城市里的相对公平更让人舒服。

我们这一代开始慢慢地接受秩序、规则的存在，而这恰恰是小城市长期以来所漠视的。

二、他们对于强大与弱小、好与坏，只有一种判断

朋友路非学播音主持，大学期间回家乡小城市实习的经历让她坚定了毕业后留在北京的决心。

她的家乡———一个国内三线城市，对于媒体的概念是非常不成熟的。

路非在一家婚庆公司实习，业余时间创业做一个私人电台的公众号，每个月能入账近一万块钱，在小城市里算是收入不错的。可是母亲依然执着地在亲戚朋友到来的时候坚持称"女儿还在念书"。

亲戚们也会私下议论她非事业单位、非国企、无单位的状态，将她视为无业游民。

母亲不停地催她去参加国企报考，理由是"没有工作，哪个男的会要你"。她做着衣食无忧而自己也喜欢的工作，在母亲看来却成了"不定性""太任性"。

小城市里往往有单一的价值观念，对于好坏和强弱都有固有的评价标准。一个过了 30 岁的女人，如果没有美满的婚姻，事业再成功也被裁定为失败者。一个过了而立之年的男性，没有几套房子、几辆车，在同学会上就会被说成 loser（失败者）。

他们生完孩子，就热衷于带着孩子去参加各类小比赛，那些根本不值得一提的比赛在他们那就自行镀上了一层金，增加了含金量。

比起在朋友圈里收获新的信息和看别人的生活，他们更愿意展

示自己生活的方方面面。在朋友圈子里大肆宣传孩子考了好成绩，读个好大学，有了份好才艺。朋友圈成了孩子奖章的陈列柜。

没有人关心你是不是在做一件自己喜欢的事情，也很少有人会关注你未来的潜力。

三、他们总在干涉我的世界观

卜卜是我在一次活动中认识的朋友。她性格跳脱，思维敏捷，喜欢二次元文化，喜欢汉服。

在北京的时候，她身边的朋友来自不同的生活环境，有不同的生活经历。谈到同一个话题时，经常有互相对立的意见。但这并不妨碍他们之间的关系。大家彼此独立，交换着大相径庭的观点，所有的讨论都对事不对人。

这让她回到家乡后有些不适应。

卜卜曾经尝试着在家乡穿汉服出门，被人当面指称怪人，甚至说她是"假日本鬼子"。在家乡，她需要隐藏自己所有与众不同的观点。

在卜卜的观念里，每个人都可以构建起自己的世界观，别人可以不喜欢，但是不应该强加干涉。任何人都是各自独立的个体，而一个人不能以自己的行为标准去裁定其他人的行为。

但是当一群人的世界观趋于统一的时候，他们就会不自觉地形成一个圈子，想要同化和征服所有跟自己不同的人。

这种想要"同化他人"的控制欲，使得他们不断地在追逐一种"相对正确"的生活方式，而去排斥异类的存在。

小城市和大城市没有孰好孰坏之分，生活方式也难谈高低贵贱。

小城市是家乡，永远带着一份陪伴你共同成长的温情。

只是有的时候不是因为大城市有多么好，而是因为家乡真的人易归，心难回。

我相信所有的小城市都在改变之中，一切都是时间的问题。

人生第一堂课：我们做不到

1.

前几天，有个远方亲戚在家族群里分享了这么一件事。

那位亲戚的情况我们大抵是了解的。前几年做生意破产，这位亲戚家里欠了些债务，幸好还剩一间祖屋，房子像模像样，一家人不至于流离失所。

但俗话说，再穷也不能穷孩子。几年前女儿要学画画，母亲就把祖屋卖了，换了一间远郊小公寓。

如今，快要高考的女儿成绩不佳，见身边的同学纷纷出国"镀金"，也冒出留学的念头。

亲戚试图劝说女儿不要去，没想到女儿觉得父母对她不尽心尽力，在家里三天一小吵，五天一大吵。亲戚感到寒心，在家族群里抱怨女儿的不懂事、不懂感恩，让父母没有喘息的机会。

"当初学画画，全家就已经是咬着牙卖掉房子让她学了，没敢跟她说，她就一直以为家里只是为换新房卖了旧屋。

"我们劝她换一条别的途径，她就质问我，为什么和我们家条件差不多的邻居女儿都能轻松出国。其实邻居家的条件要比我们好得多，我们就是怕她被人瞧不起，才在吃穿用度上都向邻居看齐……"

其实亲戚说女儿不知感恩也有些冤枉她。她怎么会知道感恩？并非她索求无度，只是父母在面对自己能力的界限时，以"保护"为名义对她做了过多隐瞒。

小女孩儿今天想学画画，明天想要留学，后天她走上社会就会要求特殊的待遇。做父母的，总有一天会满足不了她所有渐长的欲望。

明明她向前走的每一步都伴随着父母沉重的喘息，可父母却捂住了她的耳朵。

2.

坦诚地说出"妈妈/爸爸做不到"很难吗？当然。

《失乐园》中有一句话："世间所有的胜败争斗，最痛苦的并不是失败之际，而是承认失败之时。"直面能力上的不足，何况还是当着子女的面，绝非一件易事。

但"打肿脸充胖子"的问题在于，所有的孩子总会有长大的一天。当长大的孩子开始明白自己的能力有边界时，也会学着父母的方式，羞于告诉所有人，企图用相同的方式掩人耳目。

生活中，这样的同龄人太常见了。

在成长的过程中，他们的父母很少对他们说"你很棒"或者是"你不行"。大多数时候，他们听到的都是——"还可以""有进步空间""仍需努力"。

他们的父母在面对自己能力的界限时，要么就是瞒哄着自己的孩子，要么就是以自我牺牲来要求孩子必须懂事。

于是，在这样的声音里长大的人分成了泾渭分明的两种类型：一种是狂妄自满全无自知之明的，另一种则是怯懦自卑遇事不敢承担的。

父母想要叫苦，但他们眼中的尊严却让他们缄口不言。

3.

这让我想起自己的童年。

小学时我非常喜欢看小火车的动画片，家里也买了很多火车模型。某一年期末考试，我考了全班第一，便以此为理由，想要一部新的玩具小火车。母亲同意了。

我和母亲一起去逛商场，正好看到一款进口的天价小火车模型。我满心欢喜地想要拥有它，而母亲却表示价格太贵，顺手拿下旁边架子上的一款价格适中的小火车，哄我买它。

　　对于一个 7、8 岁的孩子来说，一部昂贵的进口小火车有多么适合带去学校和小朋友们炫耀。我当即就坐在地上撒泼耍赖，把着商场里的柱子不松手，硬是要买价格不菲的进口小火车。

　　母亲直挺挺地站着，冷冷地看着我，任凭我在商场里撒泼。而她接下来说的话，让我至今仍记忆犹新。

　　"这不是妈妈能承受的价格，"我记得她的语气像是在和一个成年人说话，"你已经上小学了，应该知道这个世界上有一些东西是在父母能力之外的。你没有付出过，所以没有资格嫌弃。"

　　我瞪大了泪眼看着她。

　　"我在力所能及的情况下，尽力送你去最好的学校，就是希望你未来能够把握我能力之外的东西。"她说。

　　在那之前，我对世界上很多东西的价值没有概念，觉得只要自己乖巧、努力，父母就会有求必应。

　　当着孩子的面承认自己的无能，或许对某些成人来说是羞于启齿的事情。但在我印象中，也就是那次之后，我去买东西都会先看价格标签，也鲜少提出攀比的要求。

　　有一种理念一直影响着我：虽然我在每件事情上都尽力，但这个世界上有一些东西是可以轻易得到的；有一些东西是需要通过努力才能得到的；而有一些东西是即使努力也很可能得不到的。

　　这是我的父母教会我的。

4.

可能有人会说，当你笃信很多东西即便努力也无法获得时，就会变得自卑。

我却觉得，认清自己的能力底线不会让人变得自卑，反而会使人更加自信。这种自信是由内而外散发出的，植根于内心深处。认识到起跑线在哪里，恰恰是在帮你遥望要到的终点，规划好自己要在中途的哪一站休息。

曾经有一个理论说，人一生都在与现实的生活作斗争。而二分之一的人的财富、气质注定了他们的下一代能保有或无法脱离现有的生活状态，比如大富大贵之家或是几代赤贫。

在剩下的二分之一人群中，三分之一的人提升了现有的生活状态，三分之一的人维持现有的生活状态，三分之一的人则会降低现有的生活状态。

正因为父母给我上过这一课，我更感谢原生家庭给了我第二种选择，让我可以选择做哪一种"三分之一"，清楚地知道这世上有许多人比我们强，也有许多人比我们弱，不要抱怨目前的状况。

这不是丧失斗志，而是学会分辨辛苦的纯度。当我们觉得真的很辛苦的时候，比起必须不断突破自己能力的边界，更重要的是承认"我可能不行"，然后暗自蓄力或换道而行，期待有朝一日能厚积薄发。

懒蚂蚁效应：别让伪勤奋害了你

1.

有一次我得了肠胃炎，一周没有去上班，只能惨兮兮地在家和医院之间往返奔波。

闲暇之余，自然是拿出因为工作繁忙而没来得及翻的几本好书翻阅。结果很神奇的是，一周病好后回到公司，我居然有一种恋恋不舍的感觉。

倒不是想念那种每天带着病痛僵卧床榻的感觉，而是在开工当天，突然感觉到好像在生病的一周里，我处理了很多事情，看了很多本书，架构起了一个崭新的世界观，而从再回到公司的那一刻开始，我又进入朝九晚五的瞎忙状态。

想想我在公司的日子，每天早上 9:00 正式开始上班，先清清桌面打两壶水，吃一下早餐，然后看一下系统的待办事务。

我反省时意识到，我之所以觉得自己在工作中没有得到足够的成长，是因为自己很少去思考：这些待办事务是由哪里来的？我能不能去优化整个工作的程序？这一步的工作对于下一步的工作有多大的影响？

我只是在机械性地完成某些固定的任务，缺乏深思考和不断地突破现有知识架构的能力。

对于我这样上班时间需要全神贯注，而下班时间还需要写文章、打理自媒体的人来说，恨不得在每个朝九晚五里抽出一些精力来，补偿给下班后还孜孜不倦的自己。

一旦让自己陷入没时间去思考、反省、修正、优化的过程，就只会陷入"瞎忙"的泥潭。

我以为熬到双眼通红，将每一天的时间无限延伸拉长就可以解决所有问题。但一个月之后，再回顾这个月的工作成果就发现，真正在对自己产生影响的事件寥寥无几。

2.

日本北海道大学进化生物研究小组曾经对三个分别由三十只蚂蚁组成的黑蚁群进行活动观察。他们发现大部分蚂蚁都很勤快地寻找、搬运食物，只有少数蚂蚁整日无所事事、东张西望，研究人员便把这少数蚂蚁叫作"懒蚂蚁"。

有趣的是，当生物学家在这些"懒蚂蚁"身上做上标记，并且断绝蚁群的食物来源时，那些平时工作很勤快的蚂蚁无计可施，而"懒蚂蚁"们却能带领众蚂蚁向它们早已侦察到的新的食物源转移。

原来"懒蚂蚁"们把大部分时间都花在了"侦察"和"研究"上了。它们的"懒"其实是在观察组织的薄弱之处，同时保持对新的食物来源的探索状态，从而保证群体不断得到新的食物来源。这便是"懒蚂蚁效应"。

做一只勤奋的"笨蚂蚁"固然重要，但时刻保持一种"懒蚂蚁"精神也很重要。

四两拨千斤的"懒"，有时能胜过机械性重复的"忙"，因为真正能解决问题的方法，不是处理杂事，而是改变事物结构。

当你准备构建一件事情的结构，就像画一个树形图，你必须要有时间去梳理图形的枝干，然后再用忙碌的工作去填补枝干上的细节。

而我们所谓的"瞎忙"，正是因为我们在不停地修整细节，却忽略了结构的建成。

3.

我有几个建议希望能帮你更好地成为一只"懒蚂蚁"，将忙碌转化为成长：

一、常常清理自己的社会角色

每个人都在生活中扮演很多个角色，比如，我既是上班族，同时又是作者、自媒体人、父母的女儿、身边人的朋友。再细化下去，我还可以是一个减重者，或是一个学习中的新厨娘。这些身份有的是固有的，比如说父母的女儿；有的是长期的，比如上班族；有的是短期的，比如减重者。要时常精减剔除那些自己觉得不必要的身份，留下的身份数尽量不要超过五个，以便于你用最大的精力去应对现有的身份，获得更好的体验。

二、给每一个事件建立自己的结构树和分阶段时间轴

在执行一件事的时候，一定要清楚这件事情处于结构的哪一部分，是在外延还是在内涵。全局观念会帮助你不断调节现有的步伐。简而言之，你必须知道自己在干什么，在这件事情中会得到什么收获，以及下一步要做什么。

三、不断回顾和更改待办事务体系

在每天的工作开始之前，先想一想今天有什么重要的待办事务，再询问自己这些待办事物是从何而来：是因为在昨天的时间轴上添加了过多事务，逾越了能力的界限；是因为昨天花费在扮演另一个角色上的时间过多，比如和朋友去聚餐而耽误了原有的工作，

还是因为对工作不够熟练、程序不够优化……想好答案，然后去逐个击破。

管理学大师彼得·德鲁克说过一句话："这世界上有很多事情是不必做的，而且也无关紧要。如果你们的答案是：'不做这些也没有什么影响。'你要毫不客气地删掉这些不必做的事情，应当学着说'不'，不管你是用很委婉的方式还是严词以对，总之要说'不'。"

我准时下班，结果被辞退了……

朋友 Luna 的公司是八小时工作制，上下班时间可自由选择。

Luna 买的房子在远郊，为了避开晚高峰，她选择了在早 8:00 到 12:00、13:00 到 17:00 上班。

住在远郊的人最清楚 17:00 下班和 17:30 分下班的路况会有多大差距。Luna 恨不得每天站在打卡机面前等着分钟数字从 "59" 跳转到 "00"。

Luna 成了单位里下班时间最早的人。在每天的 16:59，她总是一个人在整个办公室的注视下拎着手包，突兀地走出去。

Luna 一直觉得这种做法没有问题，她遵守所有的制度，不迟到、不早退，将手头的任务在限定的时间内完成好。

结果，到年终总结的时候，主任强调 "缺乏奉献精神" "有些同事没有积极地跟进项目，在其他同事加班的时候不顾大局" 时，意味深长地看了 Luna 一眼。

过了一段时间，公司人员调动，她被主任调往另外一个与本专业完全不符、发展空间比较受限的岗位，相当于"隐形辞退"。

调岗后，Luna 一直不明所以。自己的学历不输人，能力更是不差，为什么被调岗的是她？后来，她私下听同事说："主任办公室就在去电梯间的必经路上，你每天几点下班他都知道，早就对此有意见了。"

Luna 最终还是无法接受新岗位，在工作一段时间后提出了离职。

曾经和一个互联网"大咖"聊天，他站在老板的角度聊到这个话题时，认为这是"员工不了解行业的评估成效机制"。

有些行业自带"随时上班"的属性。你是程序员，上一秒还在婚宴上吃酒席，下一秒就不得不赶回公司救急；你做自媒体，哪怕这一秒已经安然睡下，下一秒出了热门新闻，也得强迫自己从睡梦中惊醒。

结果受很多因素的牵制，时间当然是其中很重要的一个。但经验、阅历、能力等同时也影响着结果。

每个行业都有一种评估成效的机制。需要业绩的岗位看业绩，需要谨慎的岗位求谨慎。试图做一个能看懂老板的人，不如试图做一个能够看清公司成效评估机制的人。

不能准时下班，是一个需要各方"问责"的问题。

职场上的"橡皮人"理论是通行的。一个人的精神太紧张就会像绷紧的橡皮筋，容易出现问题。

曾看到一篇文章，讨论的是"如果一个叫玛丽的护士发错了药，后续应该怎么做"。

有一个答案被视为最佳范本，它是这样写的：

首先问责部门，发现她负责的区域病人人数超标，而护士人手并没有增加，即认为护理部人员调配失误，造成工作量加大，劳累过度。

然后问责人力资源部门的心理咨询机构。该护士的家里最近有什么问题？询问得知，她的孩子刚两岁，上幼儿园不适应，整夜哭闹，影响到玛丽晚上休息。

最后问责制药厂。他们把玛丽发错的药放在一起进行对比，发现几种常用药的外观、颜色相似，容易混淆。于是他们向药厂发函建议改变常用药片外包装或改变药的形状。

当然，玛丽该承担的那一部分责任也必不可免。

成效不尽如人意，最应该做的是协调各方的失误，才能最终解决问题。

但有些单位的"不准时下班"似乎和成效评估没有任何关系，

而是受到企业整体风气的影响。

我发现一个很神奇的规律：往往让员工疯狂加班的单位，也是最不喜欢付加班费的单位。

他们极其热衷谈情怀、谈理想、谈未来、谈愿景，就是不谈钱。他们精打细算地利用着员工额外的时间，却不愿意为这些额外的时间有所支出。当员工抱怨时，他们又极其聪明地掉转矛头——现在的年轻人和当年不能比，不够有上进心，一点儿苦都吃不了。

他们怀念自己初入职场时兢兢业业、如履薄冰的状态，"一朝媳妇熬成婆"，也同样将提高业绩寄望于靠新人的牺牲。

但90后、00后多是独生子女，家境优渥者也不在少数。他们和他们的工作之间是一个双向选择的关系——不仅要混口饭吃，还要姿态漂亮。可姿态漂亮并不代表着上进心的缺失。

一个老同学，他们部门几乎每晚加班至晚上9:00，也因此耽误过同学之间的饭局。他们部门有一位元老级员工，公司核心产品的一二代全是这位元老一个人码出来编译测试修改的。

"真正有实力的老员工都坐在我们后面加班，我们谁敢说不呢？"

在新一代的年轻人眼里，"面子"越来越被轻视。他们尊重并崇拜真正具备实力的人，而非像上一辈那样将评判标准局限于地位、名气。

在一个制度越来越完善的社会中，他们对于规则和公平的追求远胜于前辈。也因为从小拥有诸多选择，而习惯计算时间的成本—支出性价比。

按时上下班是本分，各种形式的"加班"都是额外支出。那么，值不值得去加班，就要看这份工作、这次加班提供了什么样的额外回报：对工作本身的热爱？拓宽行业眼界？学到傍身技能？提供北京户口……

对于想要做大做强的企业来说，不去增加附加值而指望着用"自我牺牲"精神来操纵一群来投喂金钱都尚不奏效的人，也是太顾此失彼。

有一种认输，其实是赢了

1.

上学时，我参加过各式各样的团体，考证、做主持、玩剧团、玩乐队……老师经常不看功劳看苦劳地送一些获奖证书适时激励，每一任领导对我评价时几乎都不会漏了"综合能力强"这一项，也总是被朋友夸奖多才多艺，成为别人口中"那个特别能折腾的女的"。

就这样到了找工作的时候，简历花花绿绿，但上面真正能够让面试官进行深度询问的项目却寥寥无几。

这种感觉，就好像我报了一个三天五十国的旅行团，在每个地方都只是和地标合影一张，但是当别人指着某张照片问我这是哪个地方时，我只能万分茫然地摇摇头。

有面试官非常客气地说："我非常欣赏你的杂家气质。你为什么想要做一个杂家？"

我巧舌如簧地谈了一些没边际的话，但那一刻我真的在思考：我当初为什么选择做一个所谓的"杂"家，而不是"专"家。

思考的结果让我悚然——是我的好胜心在促使我不停地涉猎新的领域，是我的自卑心让我不敢深挖已涉及的领域。

2.

不得不承认，我从小就是一个要强的孩子，当看到别人在某一方面很强的时候，冒出来的第一个想法不是他为什么那么强，而是我为什么不能和他一样强？

长大之后，这样的好胜心也被我视作优点之一。因为它确实让我对很多领域产生了好奇心，并愿意不断深入钻研探索。

但那时候的我突然意识到，这种长久以来自以为是的充实其实是一种好胜之下的自卑，是无法坦然面对自己的短板。

怎么理解这种"好胜的自卑"呢？

一方面，自卑心作祟让我不愿意面对"即便尽了全力仍会输"的事实。

那时候我就好像一只咸鱼，但是不愿意自己用力翻身。因为我害怕翻过身之后大家指着我哈哈大笑，说我还是一只咸鱼。

我不想让别人看到我不够优秀的样子，所以就装作每件事情都做了 30% 的努力，然后捧着 60% 的成果，对所有人叫嚣自己有多聪明。

更可怕的是，自卑和好胜往往是共存的。越是自卑，外在的表现就越好胜。这种好胜心让我忙于苦心经营自己的仪式感：我每天忙十件小事，睡前可以发一条朋友圈告诉自己"你今天过得很充实"，这样就可以不必去面对那一件最棘手难解的大事。

我想和每个强大的人作比较，每当有人开始质疑我，说我在哪方面不行时，我就发疯一样地想要去证明自己。

在自卑心和好胜心交加之下，我的行事逻辑变成了：每一个议论我的失败的人，我都用行为还击。而这种愚蠢的还击方式是，在一件事上做30%的无效努力然后放弃。做完后，还得意扬扬地告诉别人："你看，我用了30%的时间就做到了60%，只是我不愿意再做，我做下去一定超出你的想象。"

3.

做杂家未必不好，因为有些人天性里就有做杂家的天赋。可是不要让好胜心与自卑心完全掌控了自我，而放弃了自己的核心竞争力。

如果你和曾经的我一样，想在这件事上有所改变，你不妨考虑一下以下几个小小建议：

第一，不要害怕认输，认输其实是你的试错过程。

舍不得认输时，你可以告诉自己，没有一个人可以做方方面面的赢家，主动认输是认清自我的必经之路，做减法更是为了能有更多的精力做加法。当你手上有个竹篮子时，就不要学别人去打水，而考虑去摘果子。

在该争取时争取，是人生壮举；在该认输时认输，更是睿智之举。

第二，挑一件你现在做起来觉得轻松的事情，并一直坚持下去，无论遇到多大的困难。

在做完减法之后，你一定要找到一件事，将它调至人生的最高优先级。在其他事情上认输，但在这件事上，你可以失败，但不能停。

任何形式的坚持，只要你不停步，总会遭遇挫折和瓶颈期。这时祈求沿途风调雨顺亦无意义，不耻慢，不耻落后，但必须驰而不息。

现在有太多人在议论着如何做一个斜杠青年，"专一项而习之"被人无视。

可是没有人诚实地告诉你，这个世界上可能根本不需要"杂家"。那些被人尊敬的杂家，其实在很多方面是专家。

每一个"玻璃心"的成长都道阻且长

1.

我小时候是一个敏感的孩子，母亲回忆说，她至今都没有再看到哪一个孩子能敏感得像我一样，不知道这是不是"吾儿独善"的心态在作祟。

但敏感这件事，在我身上，确实是 3 岁看老。据母亲说，我上幼儿园的时候，出远门的爸爸写信回家，她在枕边念了一遍信的内容，当时还是孩子的我一时间竟哭得无法自已。

上面尚且是听闻，但从我有记忆伊始，几乎都在给童话故事"陪哭"。

有一篇安徒生童话，讲一个母亲历尽千辛万苦到天堂去找她死去的孩子，孩子变成了一朵枯死的花。还有一个白云狗的故事，讲落到地上的一朵白云幻化成了小狗，最后回到了天上找它的母亲。

　　长大后我再向母亲复述这几个故事时，母亲说，她不能明白为什么一个小孩子在听到关于离别、关爱的故事的时候，会有那么大的反应。但就从那个时候她开始觉得：她的孩子，和别人的不一样——她是一个特别的孩子，高度敏感，容易发现藏在夹缝里的世界。

　　选择和分离、情感的寡淡是童年时我最恐惧的词语。如何和敏感的性格和谐相处，成为我从那时起就在被迫学习的功课。

2.

　　过度敏感的人常被人嘲笑"玻璃心"。其实，每一个"玻璃心"的成长都道阻且长。

◆ 我们常常因为太考虑别人的想法，而造成自身的痛苦。

　　敏感的人很早就能从别人的言行举止上，感受出什么样是受欢迎的，什么样是不受欢迎的，并总结归纳出自己的成长方向，尽量地向理想化的方向靠拢。

　　她下意识地想掩盖自己身上有缺陷的部位，展现出比较趋于完美的自己，也时时体察到对方的喜怒哀乐，以在自身上改进。但其实很多时候，她可能都不是出问题的那个关键因素，或者别人根本未将她纠结的事放在心上。

这种时时归罪于自己而产生的挫败感会滋生出小心翼翼地迎合，时常使自己像端着花瓶走高跷，连大气都不敢出。

◆ 作为敏感的人，我们在生活中反而是开心果，情绪往往容易被他人忽略。

很多人以为敏感的人在生活中一定是摆出一副多愁善感林妹妹的模样。

其实不然，敏感的人比别人更能感受到情绪的变化，但这并不代表他能够完整地表达出来，甚至有时候这种敏感就是他无法表达的一种原因，所以我们会看到一些自卑的人在表面上表现得很自大，一些忧郁的孩子在表面上表现得像一个开心果。

他们比别人更早地识破了自己的情绪，也更懂得如何隐藏自己的情绪。

3.

过度敏感是非常恼人的一件事，所以要学会自我排解。

很多人觉得性格是后天养成的，可是在我看来，性格中的一部分是先天的，而后天当然能起到一定的作用，甚至矫枉过正也是有可能的。

但我始终相信还有特别多的人和我处于同样的情况，只是他们可能没有得到更多的垂爱，而被家人朋友认为养成这样的性格是理所当然。

在许多家长的眼里，孩子的心事都不值一提，用"小题大做""太敏感"或"有心机"一言以蔽之。学会自我排解在这时候就显得格外重要。

一、找到疏导内心情绪的特定途径

小的时候，母亲会给我买各种的布娃娃，然后让我给它们取名字组成一个小的世界。我还记得它们的名字，有个叫"黛西"，有个叫"安娜"，都是那时候在迪斯尼童话里听到的名字。我可以自由地跟它们进行交流，与它们分享生活，揣测它们的对话。

其实利用娃娃也是一个很好的疏导情绪的方法。很多编剧之所以放不下笔，就是因为那是他与人隔空交流的方式。

长大之后我开始识字，母亲帮我找到了一个特别美丽的宣泄感情的途径：读诗和画画。先从带图片的小诗歌开始读起，再背诵一些名篇作品。

母亲曾经尝试过许多方法，刚开始她希望用理性思维的熏陶洗刷我对事物的过度敏感。她带我去科技馆看各种模型机器人，了解自然的奥秘，企图唤起我的理性思维。她买了很多科普类的书，从《十万个为什么》到《千万个为什么》，一套一套地砸钱买来，我却放在角落任凭它们蒙灰。

性格不是可以硬掰来的，而是要找到合适的途径，从热爱的事情，慢慢地去改善。

阅而优则写，渐渐地我也能写出自己的作品，倾诉的通道带来强烈的满足感，就成为我摆脱敏感的最佳方式。

我经常觉得，自己提起笔的时候，会重回童年那个敏感纤弱的孩子，而当我放下笔的时候，就能瞬间回到枪林弹雨的世界里，做保护自己的英雄。

后来我认识了很多朋友，他们都有这样的感受。只是他们通往敏感世界的通路变成：音乐、舞蹈、射击、打球、绘画……

找一些具有表达性的活动，将其培养成能与自己相伴一生的朋友，就不至于在寂寂无人夜独唱悲歌。

二、主动寻求陪伴，感受到内心的稳定

我曾经是一个非常羞于向别人谈起"陪伴"这两个字的人，仿佛别人在我身上耗下的时间都是浪费。我去食堂吃饭茕茕孑立，去教室上课独自一人，去图书馆自习形单影只。

那时，提及"陪伴"，我也总强调要"高质量的陪伴"。其实哪有什么高质量的陪伴，陪伴的本身就是一件非常高质量的事。

付出等量的时间，就是一种良好的信任交换。找可以信任的

人，偶尔约谈，三两成群。在用工作无法充满的时间里，在所有闲下来胡思乱想的日子里，给朋友打一个电话，约伴而行，一同去看一场情感电影或是吃一顿佳肴，都能削弱因为敏感带来的不安感。

前提是这个朋友一定要是你能信任的，互相之间的交流不存在猜忌。敏感的人对熟悉感和规则感有着天然的重视。

4.

除了自我的排解，如果你的朋友或家人是"玻璃心"，你也可以学着体谅他。

之前看到一个博主在她的博客上记录女儿生活的点点滴滴。她的女儿小秧刚到美国上学时，语言不通，不敢一个人去洗手间。女儿的班主任每次都随机安排一个小女孩陪小秧去洗手间。班上所有的女孩都陪小秧去过洗手间。

这位博主听了以后非常感动，觉得老师特别体贴，就特意去感谢老师。老师却根本不以为意，说："小秧就是这样比较敏感的孩子，我小时候也这样。等她完全熟悉了，她自然会放松下来。"

老师说得很对，小秧很快就不需要人陪伴她去洗手间了。

对待敏感的人，方式比热心更重要。敏感的人会反复试探安全感，正确的帮助方式是不要嫌他麻烦。

我算是个没有"叛逆期"的孩子。最大的叛逆就是偶尔逃课，不巧半路撞见母亲。母亲就会先把我拎回家，平心静气地问我为什么。"是不喜欢老师上的课，是有什么更想做的事，还是仅仅是出于贪玩？"然后母女俩一起想一些两全之策。

现在想想其实那个年龄的我并不是真正地想做什么出格的事情，只是想用这种出格的叛逆引起家长的注意。母亲的反馈过来的尊重，完美回击了我的叛逆。

很多事情父母都让我自己做决定，没有用强制的方法否定我的思考，这反而让我放下戒备。父母的开明，让我一直在家里受到"平等"和"尊重"的对待，所以我"不需要去叛逆"。

这种对安全感的试探，是"玻璃心"们的常态行为。小时候对父母，长大了对朋友、爱人。很多时候，"玻璃心"们也知道这是无意义的事，但他们就是需要反复试探，来获得别人的肯定。

真正的感情就像曾经听过的故事：继母和生母在抢夺孩子，继母死抓着不放，而生母在孩子喊疼的那一刻选择了放手。不是强制执行，而是想你所想，给予你平等、尊重。

就像前文里的小秧，她需要的是一个陪伴上厕所的人，不是"你应该变得勇敢"的提示；要的是有人接纳她的不完美，而不是用理想儿童的完美模式去约束她。

还记得王菲在大女儿一岁的时候，为她写了一首歌曲《童》。

她对女儿说"你不能去学坏，你可以不太乖"，大概就是同理。

5.

如果你也是一个过度敏感的人，我有几句话想要告诉你。

首先，我们要确定，过度敏感不是一个缺点，如果利用得当，反而会成为难得的优点。敏感的人往往可以感知到一个与别人不同的世界。

其次，没有任何一种人格是完美无缺的。文静的人能够充分地预估危险，却在很多时候显得过于小心翼翼。活泼的人能够充分地接触外部世界，却容易因随波逐流难以潜心向学。你的"玻璃心"不是你做任何事情的挡箭牌，也不是你妄自菲薄的理由。

都说这世界薄情，做个重情义的"玻璃心"颇为辛苦。但愿你也拥有铠甲，在这个钢筋水泥的城市森林里活得快乐。

Chapter 4

乾坤未定，
你我皆是黑马

不断变化，恰恰是最佳的稳定状态

1.

快要毕业的那年，我在医院实习。不知道是不是因为自己潜意识里将倦怠情绪全写在脸上，有个老师就问我：既然你很会写东西，为什么不去写呢？

我搪塞着说了很多理由，其中最重要的一条是"我需要稳定的生活给予我的安全感"。

其实那是我有生以来最恐慌的一年，我将自己困在一成不变的环境里，以为这是保有安全感的良方，而实质上却越发缺乏安全感。

多年"空想者"一般的生活让我只习得了写作这一门差强人意的傍身之技。生活好像将我置于一方深井之内，而我没有做足准备，身边只有一条垂蔓可以往上攀爬。

我把它称为安逸区，因为我没有其他更好的选择。它会不会是一条死胡同？它通向哪里？我统统不知道。

很多人喜欢"拆了东墙补西墙"，精神上缺少了什么，就试图用形式化的生活来弥补。

那时的我听到一种说法：当你做出一个选择，平行世界里就必然会出现做出另一个选择的你。

这样的话，平行世界里就会有无数个我。其中一定有一个"我"，一直在听从自己内心深处的声音。

我突然对她心生好奇：她在做什么？她满意自己的人生吗？她最终抵达了什么地方？

我越想就越觉得心痒——既然有那样的一个"我"存在，为什么就不能是现在的这个我呢？

2.

前一段时间看了一部短片。短片一开始向到场的女生提出一个问题：对女生来说，拥有什么才会有安全感？

有人说是看得见摸得着的生活，今天就能看到明天的样子；有人说是一种能够把握的感觉；有人说是"规则明确，赏罚分明"；有人说是生活的稳定，有爱自己的人和稳定的感情。

镜头一转，说出这些话的她们放弃了喜欢的工作为家庭焦头烂额，做一份自己不喜欢的工作，维持着不合适的婚姻生活……所谓的安全感反倒给她们带来无所适从的焦虑，就如同当年站在人生岔路口的我。

或许在另一个平行世界里，她们做出了截然不同的选择：放弃现在的生活，用力在生活里制造另一种美好的可能。

3.

真正的安全感恰恰是时刻变动的，并且，从不恐惧变动。

我很喜欢台湾作家吴淡如，她曾说过一句话："我对自己的人生满意并不是因为有名有利，而是因为我的生活都是自己的选择。"

她名校毕业。写书佳作频出，后转战电视媒体，之后淡出高龄产女，放任女儿就读"森林小学"。

刚做媒体的时候，朋友曾开玩笑地对她说："电视台是缺制作费才让你去主持的吧？"那时候她已经算是大龄，在竞争激烈的台湾娱乐圈里并不具备一炮而红的潜质，可她却偏要争这一口气，最终将自己的节目质量提升到了同时段的收视率榜首。

她高龄产女，女儿出生时先天不足。闲人免不了品头论足："作家吴淡如那么有名，她的孩子却没有超人智商。"她并不觉得有什么，在认清女儿的资质普通后选择了因材施教的方法，又以女儿之名开了一间民宿。近山近水，养心养智。

内心的安全感会战胜任何时期的外界纷扰，让人有勇气接受生活给予的任何可能。

真正的安全感不是你在门口栽下一棵树，然后每天祈雨，求得风平浪静。这样你可能会为每一朵飘过的乌云黯然神伤，因为每一次过耳的风声心惊胆战。

真正的安全感，应该是你早已种下了很多棵树，准备着摘果的梯子，也准备着榨汁、酿酒的机器。万一哪一棵树收成不好还有其他的树，再不济，那些小果还能榨汁酿酒，再度深加工。

4.

有些稳定是经历过大浪淘沙后的洗练，就好像吴淡如可以带着孩子开一家远离市区的民宿，然后轻描淡写地说"这是我的选择"。

最怕的是，你所追求的稳定只流于形式，而不是内心真正的选择。因为真正的稳定往往由自己从内到外打破，而不是等着被人从外到内打破。

年龄越大越会觉得，人没有必要时时刻刻与世界和解，偶尔也可以顶着一根反骨走下去。如果你害怕成为反骨、厌恶变化，才意味着真正拒绝了稳定。你随时暴露在"此路不通"的危险里，并为"仅有此路"而提心吊胆。

改变之后，你会遇见一个未知的自己。你不需要依靠谁的臂膀，你可以自己动手制造避风塘，然后舒舒服服地躺进去，跟自己道一声"Good night"。

通往沙漠的路上，站着想看大海的人

2011 年，我带着一份空白履历和一摞话剧剧本去了厦门。

我大学读的是医学，专业成绩不尽如人意，却很喜欢写作。闲暇时，我给一家影视公司写剧本，只不过影视公司是不给创作者署名的，我们成为那些项目背后的影子。

曾经我一度梦想着自己能在作品上光明正大地署上名字。这种梦想狂热到剧本中的角色甚至会半夜跳到我的梦中，情真意切地叮嘱着我"莫忘了抓紧时间让我们跟大家见面"。

可按照医学院的规划，我在毕业之后应该很快就会去一所医院，然后从事一份我说不上喜欢也说不上讨厌的职业。

正好当时厦门有一家剧团看中了我的原创剧本。我在心里问自己："要去吗？"

我自问这个问题的时候，前所未有的认真，认真到我自己都忍不住想笑。那是我人生最迷茫的时候，毕业在即，远在天边的梦想与唾手可得的面包之间，我总要选一个。

我心里有两个小人儿。

一个说："我想去。"

另一个说："我同意。"

其实我心里早已有了答案。我像是一个奔着大海而去的人，却在一个岔路口先去了沙漠。沙漠的风景很美，可是我还是想要去看看心里的大海。

就这样，我壮着胆子离开了家乡，脑袋里比拟出一个踏上了征程的英雄，断了回头路。

一切比我所预料的还要不顺利。剧团派来接洽的导演姓伍，原来是学声乐的。这是他独立导演的第二部话剧。他的笔记本记得细细密密，却总在关键的时候忘记演员的调度。他已经定好点的灯光还没到点就开始乱闪，导致进度不得不停滞。

他缺乏应对问题的魄力，演员在排练时插科打诨甚至迟到早退，他想说上几句，但话到嘴边又默默咽下去。因为经验不足，一群演员在他的带领下排练了多次，仍能搞错上下场口。

小伍显然不是很了解剧本，他来找我谈的时候提要求直截了当："编剧老师，这个场景我做出来效果不太好，你可不可以稍微改一改？"

而我那时候也是个菜鸟，一心想着不要在别人面前露怯，心里想的却是：你一个搞声乐的为什么来做导演？没有这个金刚钻干吗来揽这瓷器活？

可剧本还是要改的，我每天都在和自己的死磕中度过。

在小伍的质疑下，我每天一边写着新章节，一面推翻着自己昨天的作品，不止一次萌生出了"为什么我要转行"的想法。我无比沮丧地想着，或许我高估了自己的天分，或许自己根本不具璞玉之资。

最沮丧的时候，我看了岛田洋七写的《超级阿嬷的信》。书里说："如果不知道自己想要干什么，就先工作。只要工作，就可以得到米、酱油、朋友和信任。可以一边工作，一边寻找真正想干的事，千万不要游手好闲。"

人活一口气。我给自己列出了一张表，总结了自己可以参考的编剧网站，然后把小伍提出的每一个问题做了记录，决定改到他满意为止。

既然踏出了这一步，就不能总想着回头，否则多孬种啊。

就这样，我每天很"菜鸟"地改剧本，小伍每天很"菜鸟"地排戏。时间久了，冲突多了，加上都在陌生的地方举目无亲，我们俩反而成了聊得来的好友。

厦门的夏天，坐在宿舍外的台阶上，会有风声过耳。一个学声乐的导演和一个学医的作者聊起了自己的过往。

　　小伍小时候一直梦想着要做个歌手。那时候的歌唱选秀节目，还不流行问"你的梦想是什么"，也没有导师转椅子的环节。学生时代的小伍每年都要参加好几场选秀节目，无一例外，都会在上电视的前一轮被刷掉。他在专业歌者中显得资质平庸，也没有长相和身高的加持。而他的家庭——一个闽东小县城的普通家庭，能培养出一个学声乐的孩子已经是很吃力，再也拿不出钱让他去深造。

某一年过年回家，他发现自己已经到了要给小孩发红包的年纪，双手一插兜，却没有多少钱。亲戚都围在家里问他在做什么，他一脸局促地说："做音乐。"

"唱歌的啊！"亲戚随口问，"你上哪个频道，也让舅爷看看？"

他张张嘴，想回答点什么，可在自己脑海里反复翻找，却连一个字也吐不出。

那时，小伍有位做戏剧的朋友正好缺一个助手。因为小伍曾在院校排演过剧目，朋友希望他能过来帮忙。他就这么稀里糊涂地做了导演，在电话里向父母汇报："我现在在导戏……"

父母松了一口气，觉得儿子和小镇里摆大戏的一样，至少在大城市里做上了一个有收入的、体面的、正经的活儿。

没能继续最初的梦想有点遗憾，但小伍很卖力地扮演着一个合格导演的角色。有演员嗓子练得有些哑，他在排练完后去买罗汉果，还泡了一大壶带到排练现场，让大家都多喝一点，提前预防。

他用 DV 把每一场排练录下来，晚上带回宿舍里重复看。笔记依然密密麻麻，但随着排练次数的递增，变得清晰而有重点。

"很羡慕你能一直追逐自己的梦想并且越来越接近成功，但是我也不差，我的梦想就是我现在在做的事情。"在 2011 年厦门的海风里，小伍拍着胸脯这样告诉我。

他挺忙的，根本没空理睬那些灰飞烟灭的旧梦。

演出的前一天，我们凌晨一点到达剧场。

一排破落的霓虹灯箱时亮时暗，剧场门口写着"××会堂"——这就是我们要演出的地方。

剧场特意叫了一个守夜人帮我们开了剧场门，我们摸着黑按开开关，场灯亮起，"唰"的一下，全场被灯光充满。

那沉默的灯光和静默的座椅都是这个寂静深夜里的观众。

观众席的椅套有破的、有缺的，可这又有什么关系呢？等天亮坐满了人，不就看不到了吗？

试麦克风的时候，小伍随口哼了一句歌，声音在空旷的剧场里回荡。我发觉他的歌声真的比我想象中的还要好听。我突然觉得有些惋惜，这样好的嗓子，居然没有机会被更多人听到。

我们的话剧如期在剧场上演。票务都是经验丰富的老手，票自然没有卖得太差，但也绝对没有卖得太好。

但演出那天我站在台侧，感受到了一种从来未曾有过的成就感——我望着舞台，像站在高山上仰望脚下的每一块土地，视野那样清晰、内心那样热烈。我转身看到小伍，他一个人蹲在台侧，监督着谢幕时最后一根杆的起落，认真得迷人。

我们都是一心想看大海的人，却都一不小心走进了美丽的沙漠。我还想向着大海跑，于是将周身束缚放下，孤注一掷地换了新跑道。而他在沙漠里扎根，渐渐和所有沙漠植物一样长出巨大而绵长的根系，去吸收更远的养分。我们都做出了自己觉得当下最正确的选择。

其实人生还真的没有下坡路。唯一会让人滑下坡的，是你选择停下来，任由自己接受命运的自由落体。

现在我偶尔还会在朋友圈里看到小伍的近况，他已经成了副导演，跟着剧组在全国各地跑，合作的团队里不乏声名在外的圈中高手。

我也在努力靠近梦想。2016年，我出版了一本关于梦想的书。新书分享会上，刚毕业的学生问我："我现在很迷茫，感觉自己离最初的梦想越来越远，该怎么办？"

这个问题瞬间将我拉回了2011年在厦门吹海风的日子，那时候的我和小伍，都在离梦想很远的地方，手上唯一能与生活抗衡的武器，是我们都在努力并相信未来会好起来。

《致青春》里，陈孝正形容他的人生："我的人生是一栋只能建造一次的楼房，我必须让它精确无比，不能有一厘米差池。我太紧张，太害怕走错了路。"

可是人生哪里有绝对的精确，就算是规行矩步的人生，也有偶尔脱轨的时候。

不尽如人意的生活里，"走错路"再平常不过了。如果把每个人的生活都写成一本书，在故事的开始，每个人心里都有着自己的

大海。 但故事的结尾，有人去了草原，有人去了沙漠，有人熄火在了去大海的路上。

　　想看大海的我，曾经形单影只地站在沙漠里。 可是因为还想要去看大海，就决定继续前行。

　　想要看大海的小伍，在路过沙漠的时候发现了沙漠的大漠孤烟，就决定停下来扎根。

　　我们做出了不同的选择，但很庆幸，我们都没有停下自己的脚步。 我没有在沙漠里故步自封，他也没有在沙漠里浅尝辄止。

生活正在惩罚不喜欢改变的人

1.

有一个朋友前段时间开始创业。在饭局上，他和我们聊到创业前后的生活差异：以前旱涝保收，下班溜得比谁都快，现在恨不得一天 24 个小时都在工作；以前是"早起困难户"，现在倒是不用上班打卡，却常常因为思考工作方向而彻夜难眠；以前每天叫醒自己的是闹钟，现在每天叫醒自己的是"再不起床就没钱给员工发工资"的责任感……

但他说，这些都是小反差，而创业前后最大的差异其实体现在手机上。以前，他从来没想过要主动去维系人际关系，而和别人电话联络。后来为了谈合作，他从最基础的话费套餐升级到包话费包流量套餐，后来直接用起了包月套餐，电话费比起以前涨了五六倍。

创业前，每次都能借助"身份"得到上好的资源，但自从开始创业之后，他发现自己能把握的资源实在是太过于匮乏，恨不得把所有的朋友以及朋友的朋友都拉进一个群里，每天在微信里都有无数小红点闪烁着。

以前逢年过节还没等他群发节日祝福信息，就有一大堆人赶趟儿一样地发过来祝福语。现在，他自己动不动就群发节日短信，才发现很多知道他自主创业的人都把他拉黑了。之所以拉黑，都是觉得除了平台之外，他身上的标签并没有什么利用价值。

朋友说，这个时候他才知道自己以前靠的都是虚名，却也庆幸自己能早一点意识到改变的重要性。

如果再晚一些，可能还没等他看清这个眼花缭乱的世界，就已经被远远地甩在了后面。

2.

我的实习单位在体制内，那里的职位是大家羡慕的铁饭碗。那时候我没有很强烈的学习欲望，因为"无论我做什么，大家都拿一样的工资，干一样的活"。忙里偷闲已经是尽到本分，何苦自找不痛快？！

就这样过完了一年，度过了几乎可以说是完全重复的 365 天。到了真正择业的时候，我面对一个更好的机会，可我开始意识到，自己已经完全不敢跨出去了。

并不是选择恐惧症再次发作，而是在心里我将自己掂量了一遍又一遍，才发现自己并没有足以应对改变的筹码。

稳定的环境是看得见的外因，看不到的内因是从未思考过如何改变自己。我的恐惧在于：我从来不关注自己手上握着什么，只关心环境给我带来了什么。

别人都说：是你的优秀为你赢得了这个机会。可我心里知道，他们口中的优秀指的是你曾经花费了很多很多努力站进了一个稳定的环境里。而作为当事人的我却能清楚地看到自己在稳定的环境里的止步不前。

我看着沙漠里的海市蜃楼连声叫好，却连脚下的一砖一瓦都不想堆砌，自然没有底气保持处变不惊。

3.

在这个时代里，你可以不放弃稳定，但一定别懒于改变。

与其说这个世界正在惩罚不喜欢改变的人，不如说这个世界正在奖赏所有愿意改变、接受改变的人。当愿意改变的人像潮水一样向前涌去，站在原地不动的人就如同后退了。

但这种改变不是形式上硬要去破茧而出，毫无根基却天天想着从一个领域跳转到另一个领域。这种改变可以是在一个既定领域持续挖掘根基之后，再向四周拓展。

之前有一个很火的纪录片《我在故宫修文物》，让一群深居简出的手艺人为大众所熟知。我也有一个做木雕的忘年交老朋友，几十年如一日地专注于手工艺研究。被媒体冠上"安稳"之名的他们，看似生活在最稳定的环境里，但其实他们也是在一场一场的改变中锤炼出来的。

手艺人比外人更懂得，手里握住的是吃饭的家伙，握紧了才有生路。如何握紧？还得随着时间推移将技术层层琢磨透了，新玩意儿和老玩意儿都顾好，锤炼出更多连徒弟也学不去的精髓。在相对的稳定中，持续不断改变，才是自己屹立潮头而不倒的资本。

有些人喜欢给生活"加量"，因为在现有的基础上加量是最轻松的一件事情，你只需要把熟悉的步骤机械地重新做两百遍就有充分的快感。

但生活不会因为你的快感而大步向前，往往你做得越多，越会像一个懦弱的逃兵，慢慢远离质变，不再反问自己该如何扭转。

生活正在惩罚不喜欢改变的人，但愿你跑得比它快一步。

90 后，你的中年危机已经到了

1.

前段时间，一条新闻将当事人称为"1988 年生的中年女人"。那时候我满心觉得可笑：难道现在的写手都不满 16 岁，所以觉得 30 岁的人都早该作古了？愤愤不平之际才听人说，国际上早就把 1992 年之前出生的人称为中年人了。掐指一算，最早的 90 后，都已经 30 岁了。

在中国，23、24 岁到 29 岁这个阶段，注定是在疲惫不堪里加速成长的。

所有人都期待你在三年的跨度里，完成人生的终极课业——就业、买房、结婚、生子……

还是二字开头的年纪，但凡和年久失联的亲戚打了个照面，却都得被拦下来审问上一通："工作还稳定吗？有对象了吗？房子首付攒好了吗？"

20多岁的你，真的过得比筋疲力尽的中年人好吗？

2.

我记得几年前看蒋方舟的书，她一个1989年出生的姑娘，提出了"泛90后"的概念，让自己勉勉强强都踩在90后的头上。

这似乎暗示着90后曾经也是某个别人挤破头想要进入与了解的新兴群体。

也记得我的文章刚开始见诸报端的时候，还会被归到"青春花园"之类的栏目。挺难想象，才过了几年，这些依然缺乏阅历的浅薄文字，就将被归到《中老年杂谈》或是《广场舞手册》。

前一段时间和出版社编辑谈新书的内容，对方语重心长地指导我："你要试着去了解现在的年轻人喜欢什么。"

我一时间慌了神：我到底是从什么时候被排除在了年轻人之外？

编辑说，现在的年轻人们热爱新鲜，他们对未知的世界感到好奇，在他们的眼里，远离家乡甚至远渡重洋不是漂泊，而是在探求更广阔的世界。

这时候我不得不承认，编辑口中说的那群年轻人完全不像现在的我。

——我好像失去了停下来的自由。

不愿意往前走，后面却有一堆人像是警世恒言一样地念叨你："再过几年你就 30 岁了，等到那时候还什么都没有，人生就垮掉一大半了。"

你回头看了看人群，那些都是与你关系亲密的人。理智告诉你，这群人不会害你。于是，你开始接纳他们的担忧，感到惶恐和急迫。

残余的 20 岁的野心和 30 岁的家庭压力，一起加在了这一代人身上。他们承受着上一代人养儿防老的观念，同时又接受着下一代人"消费主义"的影响。与此同时，既没有上一代人甘于自我牺牲的理想觉悟，又没有下一代人自由洒脱的冲动。

3.

《奇葩大会》上就曾有一位选手，叫冉高鸣。他在节目上回忆了自己这几年的生活：

他想要健身，却只去得起便宜的健身房。健身房里常有并不健身而只是去那里搓澡的大爷。冲澡间与健身处是相通的，大爷的搓澡水不停地流到他脚下，他只能不停地避闪。每次去健身都要说服自己，此番去的不是"养鸡场"。

接着他又说起自己穷游的经历，两男两女挤在一张床上，继而他发现"生活检点在穷困潦倒面前屁都不是"。

同样的情况交给父辈，他们会选择不去健身房或是不去旅行。

父辈在年轻时并未面临如此激烈的竞争环境，如今上了年纪，往前走的步伐大可以放缓，自我发展显得没那么重要。当油盐酱醋和自我发展起了冲突，生活可以放心地交给油盐酱醋。

同样的情况交给更年轻的人，他们会优先选择自我发展。这些人还未被社会要求过物质条件，又通过目睹我们这一代的发展，提早习惯了高要求的社会环境。

而我们恰巧是被挤压在两者之中的人。

有人在不断地提醒我们要去争取更好的生活，但与之对应的却是显而易见的囊中羞涩。

有高度的自我要求，可是都要靠精打细算来实现，就像去最低廉的健身房和开启自己穷游的旅途。

4.

但这也没什么好恐惧的，这个世界在任何一个年代，都执着地苛求 20 多岁的人。

可喜的是，即便人人都在对生活抱怨，但我们在抱怨的同时也都还在努力着。

即便是这个社会强求太多，我们除了企图寻求自我完善和生活之间的平衡也别无他法。

不如一场好梦过后，对着镜子里的自己说声"难为你了"，然后气定神闲地继续对自己未竟的理想负责任。

不断增加的存款，才是生活的底气

1.

最近，某名人的女儿因为染金发上了热搜。每次爆出这样的新闻，都有网友在评论中说：要是有经济实力，我的孩子也爱染什么头发就染什么头发。

以前的我对此嗤之以鼻，觉得这两件事没有关系，前几天跟一个老友的一番谈话，改变了我的看法。

朋友已经是一个 6 岁女孩的母亲。小姑娘正是爱美的时候，常常踮着脚偷拿她的口红，或是偷偷套她的高跟鞋。女孩平日看到电视上的小童星因为工作，小小年纪就烫了头发，羡慕得不得了，天天缠着妈妈也要将头发烫卷。

我说："那就遂了小姑娘的心愿，让她染个头发不就得了，你看那些明星、名人的女儿，还不是天天烫发染色？"

朋友苦笑，向我大倒苦水。

并不是她不想满足女儿爱美的心意，只是自己作为普通的工薪阶层，只能带女儿去社区的理发店用市面上通用的成人烫发剂烫发，而这些化学药剂对儿童细嫩的头皮有多大伤害，无须多言。

况且，女儿在一所普通小学读书，家里为买下一套学区房已经竭尽全力。烫染头发违反校规，万一女儿再因此被同龄人排挤，她也实在没能力为女儿转学。

朋友感慨，自己当年也算是视金钱如粪土，现在竟连女儿想烫头发也不能让其如愿。

2.

金钱的能量不在于让生活过得多好、多奢侈，而是让你拥有更多选择的权利，让你在不小心把生活这栋大楼盖歪的时候，还有力量将它扳回来。

我们公司之前来过一个男孩，人很努力，脑子也转得很快。刚来公司的时候，领导都很看好他，加上他有一些编程的基础，大家都希望他能继续学习，在这块好好发展。

可时间不长，大家就发现，男孩对工作并不上心。后来一个偶然的机会，男孩被发现在接外包的单。

领导找男孩谈话时方才知道，他家境一般，为了付得起一个月几千块钱而且还在不断涨价的房租，只能去接那些对于技能的提升基本没有促进作用的外包单。

领导只能带着惋惜，将系统学习的机会交给了和他同期进来的另一个年轻人。是他没有经济头脑，没有创新思维吗？都不是的，他只是没有选择的权利。

当你被生活琐事占据了所有时间，为了保持平衡不敢轻易跨出一步，要花大量时间处理琐碎的日常事，有一点的风险就会成了惊弓之鸟，你也就失去了发展的机会和空间。

金钱不能够直接让你变得更聪明、更有做事技巧，但它能给你机会大刀阔斧地去改进自己，尝试别人不曾走过的狭路。那些能够保证 100% 成功的事，一般都是价值最低的，因为所有人都在抢着走。往往狭窄的路因为少人走，才更容易成功。

经济基础的缺失会压榨选择的空间，使人失去审视自我，并逐步改善的机会，只能故步自封停在原地，为了一时饭碗，放弃了长远规划。

3.

那有了钱，生活就美满了吗？当然不是！

你还需要很多东西，比如生活理想，自由的生活空间，各种美好的感情……

经济基础只是生活美好的必要不充分条件，你还需要在此基础上填充各式各样的东西，但我能很自信地说，没有一定经济基础的生活一定不会特别美满。

为什么这么说呢？因为金钱除了能带来选择的机会和增值的可能性，有时候还决定着最基本的生存条件。

我曾经在医院实习，感受到的最无助的时刻，就是医生为病人设计好治疗方案，家属听完后到门口抽了一口烟，又向亲戚朋友打了好些个电话，然后回来吞吞吐吐告诉医生：能开点药带回去吗？家里实在筹不到钱了。

所有视金钱如粪土的年轻人，最后都被生活虐哭了。你不知道余下的人生有多少不确定的因素，有那么多的因病致贫、因病致灾。钱是未来面对不确定性因素的保障。

我知道现在的网贷都很方便，一键支出。我也知道，最好趁着年轻四处旅行，才能留下最美好珍贵的回忆。

这些当然很好，可谁也不能抱着曾经的消费单和美好回忆过一生。

人本身就是一件消耗品，随着年龄的增长，要面对身体机能的退化和创造力的下降。现在不趁年轻积累经济基础，就好像小动物不在秋天储存过冬粮食，但前面还有漫长的路要走，难道到了冬天寻找食物会很容易吗？

只顾着快乐，就是给余下的人生增添负担。存折上不断增加的存款，才是生活的底气。

就连兔子都在拼命奔跑，
乌龟该怎么办？

1.

前几天，小表妹怒气冲冲地来我们家。她临近高考时突然发现，身边与她交好的朋友是香港户籍，不必进行内地的高考。她气得和好闺密断交，还像模像样地发誓"老死不相往来"。

她一脸沮丧地来问我："姐姐，你小时候遇到过这种情况吗？"

看着她气鼓鼓的脸蛋，我多想告诉她——当然有呀，我可爱的小姑娘。

小的时候，每次写作业，总有几个学习特别好的同学说"我都没有写"。然后我就真的听信了他们的话，还胸有成竹地对我妈说："你看，人家都没有写作业。"

每次考完试，这几个人一出考场准说自己考砸了，结果出来的成绩比谁都好。我简直气到想要原地爆炸。

曾经看到过一段话，大意是别人都在你看不到的地方暗自努力，在你看得到的地方，他们也和你一样显得吊儿郎当，和你一样会抱怨，而只有你自己相信这些都是真的，最后也只有你一人继续不思进取。

2.

发现兔子在拼命奔跑，乌龟该怎么办？

三毛的一句话被我视为答案："大悲，而后生存，胜于不死不活地跟那些小哀小愁日日讨价还价。"

当击打对方需要耗费更大的代价，你不如不把自己耗死在这些本不如人的悲伤里，努力将自己变得强大。

我曾经也是一看鸡汤就会流鼻血的人，自视甚高却生性懒散。

刚开始做自媒体的时候，阅读量持续低迷。别人来指点我，我却愤愤不平地回应他：

"因为你们公司更大，后台硬，资源广啊！"

"因为你们舍得投钱去做推广啊！"

……

对方一脸愕然地摊手说，他也是从零开始做的。

我只好拿出我的撒手锏："可是你做得早啊，正好赶上了红利期啊！"一句话堵得对方哑口无言。

我承认，那时候的我是极其喜欢与"不公平"讨价还价的人。总觉得自己的失败，是因为别人的成功。当我搬出时间找借口，就好像为所有的失败找好了理由。

可是我渐渐发现这挺孬的，借口并没有让我释怀，反而让我更加厌恶自己。事实上，我们从来不会恨别人太努力，而是会讨厌自己的不努力。

我们总在自我幻想里描摹着对方和自己一样不努力之后和自己一样失败的样子，一旦这个幻想破灭，我们内心的平衡感就会被全部打破。但事实上就算没有他人的衬托，我们也依然会获得同样的失败。

我们在内心里给自己定下了罪，却在嘴上为自己辩驳。你把矛头对准了别人，其实是对向了自己。

没有一个法律规定，相同程度的努力会换来相同的结果。假使有一天法律能够做到绝对的公平，谁知道老天爷会不会给某个人多出一丁点儿好运。

这个世界没有绝对的公平可言，别人唾手可得的东西，可能对于自己来说却难于登天。我们唯有承认"我已经做足了我的全部"，才能安于本心。

3.

前段时间，有一则寓言很火。讲的是砍柴人和放羊人一起聊天，在唠嗑的时间里，放羊人的羊照样能自己吃饱，而砍柴人只顾聊天，耽误了一天的工作。

聊天的这段时间，对于放羊人来说，是有效的，而对于砍柴人来说，却是无效的。我们原以为自己是个放羊的，到头来才发现自己是砍柴的那一个。

别人假装很轻松，可是你不知道他们的背后有什么，是有背景、有付出，抑或有天赋。你唯一能确定的是自己有什么。

——当然，如果你也有背景、有付出、有天赋，那一切自不必说，但是很遗憾，大部分人都不过是没有背景、没有付出、无天赋的"三无"选手啊！

你不能因为误过砍柴的时间，就怪放羊之人前没告诉你，他早已经干好了他的事情。

无论别人是不是在放羊，你都要知道自己是砍柴的呀！况且，砍柴的人要砍柴，放羊的人也有他该完成的事。砍柴的人总觉得放羊的人比较轻松，但其实你未注意到，他时刻盯梢，轻易不敢离开羊群，生怕走丢了几只。

无论赤手空拳创业还是艰难守业，都只不过是这山望着那山高。

有背景、肯付出、有天赋的兔子还在奔跑，与其指望着它们忽感困乏后在树下睡一觉，倒不如稳稳地爬赢其他乌龟，搞不好这时候就有几只睡着的兔子被你赢过去了。

Chapter 5

我曾经也想
为你奋不顾身

我要的是伴侣，不是老师

去年 12 月份，南方气温大降，一下子跌了十几度。降温的第二天，塔塔噘着嘴向我们控诉男友的"罪行"。

刚降温那天，塔塔和男朋友去游乐场，走着玩着，气氛上来了，塔塔想撒个娇让男朋友给她买冰激凌。可男朋友就是不给她买。塔塔开玩笑地回了句嘴，男朋友有些生气："别这么任性！我是为你好。"

塔塔觉得委屈："我大冬天的就想吃个冰激凌怎么了？我是想吃个冰激凌又不是吃个炸弹？"

我真的很想劝解几句，但也确实如鲠在喉。塔塔的男朋友做法没错，可好像离女孩想要的感觉还差了那么一点点。

我想，塔塔也绝对明白，男朋友是打心眼里心疼她，过了这个劲儿两人就会重新如胶似漆。只是本来可以处理得极好的事，一场本来十分欢喜的约会，何必因为一句话而闹得不欢而散呢？

我有个闺密，单位有个规定，只要迟到了，不论是一秒钟还是一小时都要按旷工一个上午计算。

有一天，她在家门口的车站等了 40 多分钟公交车，眼见得就算此时搭上公交，也铁定要迟到。于是潇洒地转身回家去睡了个回笼觉。到了上午 11:00，才带着惺忪的睡眼起床扒了一口午饭，一边慢悠悠地走到车站，一边给男朋友打电话。

原想向男朋友控诉一下公司不合理的制度，结果不曾想成了她的批斗大会。男朋友说："怎么有你这样的女孩子，上个班也不好好上。哪一个上司会喜欢员工迟到？再说你迟到就算了，知道迟到了还不赶紧去公司，这到底是什么想法？工作太不积极了。"

原打算找男朋友同仇敌忾的她，气得立马挂了电话，一整个下午工作心思全无，郁郁寡欢。

我的朋友圈里曾经长期活跃着一个姑娘。即将工作的时候，男朋友对她说："你马上就要工作了，怎么还在玩朋友圈和微博？显得太不稳重了。"

姑娘觉得有理，从此清空微信微博，设好了分组，除了转载一些自认为深奥的内容，几乎不再使用。

时间一长，姑娘开始觉得日子越过越乏味，又忍不住发了几条生活动态。

男朋友见了不由分说地开始教育她："你知道外面有多乱，社会多复杂，人心多叵测，你这种行为多可怕。点赞和评论这种东西，不过是满足了你的虚荣心。"

刚听到这话时，姑娘心里是有些许被关心的甜蜜，但转瞬而来的却是另一种想法：我只是想记录一下我的生活，分享一些我的快乐啊，你为什么要用别人的眼光裁定我呢？

如果说女人遭遇爱情会放下身段无条件地付出，那男人遭遇爱情时就容易变得占有欲爆棚，希望女孩的感性见解可以屈服于他的理性思维。

太过于理智的思维模式，再加上不带转弯直截了当的沟通方式，会引发矛盾，产生隔阂。

也有人说，女孩做出不理智的行为，其实潜意识里就是在寻求他人的劝阻。

如果真是这种情况，这种时候"劝阻"这一行为，表达关心就足够了，不需要摆道理。

如果你的女朋友告诉你，她生病了，想吃冰激凌。说完"不行，还是多喝点水"就够了，不用再博学多识地告诉她冰淇淋含有多少糖分、热量，吃了对她有多少坏处，最后再补一句"你怎么这么不懂事"。

之前我在公众号里做过一个调查，问：你在什么时候最有被爱的感觉。收到了一个很值得玩味的答案——"我觉得他在为了我而不理智的时候，最爱我。"

虽然答案中充满了女性化思维，却也不无道理。如果每个人在恋爱的状态下，都和处理工作一样理智，是从哪里虚构出满屏嗜爱如痴的痴男怨女呢？

如果做个针对女生的"最讨厌另一半说的十句话"的调查，我相信"你能不能成熟一点"一定榜上有名。

拜托啊，我已经对着这个世界成熟了很久。只是在你没看到的地方罢了。

我深爱的人啊，你要明白，这世界上这么多道理，就算你不说，也总有别人义正辞严地讲给我听。而相爱这件事，唯独你可以做呀！

你完全可以既有理性的思维，又能选择一种不那么冷冰冰的表达方式，达到异曲同工的效果。我们是需要理性的思维，但不需要理性的表达。

比起你的"用心教学"，我更希望你重视我的想法——哪怕它在某些时候显得不那么正确。

打败爱情的，是我们的想象力

1.

大学毕业前的那几个月，我们都在忙着准备毕业考试。

医学院里，挑灯夜战学习本是常态。凌晨时分，却听到隔壁宿舍的姑娘在阳台上顶着瑟瑟冷风，忙着和男朋友电话分手。

"……我知道，你说的那些我都知道，"她抽了下鼻子，啜泣声越来越重，"可是你有没有想过以后？"姑娘开始细数未来可能发生的种种变数。

"你打算去天津读研究生，可我老家在江西，等毕业找工作的时候，我肯定要优先考虑离家近的地方，到时候怎么办呢？

"我从来没去过北方，要是去了，一天两天还勉强可以，时间长了肯定待不住。你是独生子，你妈妈肯定想要你回去。

"你现在是想着过几年回来，可是到时候你工作稳定了，肯定就不想回来了。

"我妈妈已经给我安排了工作，天津的工作机会不一定会比江西好啊……"

对方大概说了些挽留的话，姑娘沉默地听着，像是受了莫大的委屈，"哇"的一声哭了出来。

"可我也舍不得啊！"

既然舍不得，何必为难自己。

2.

一时恍惚，我想到苏北。苏北是我高中的学姐，她的男朋友陈原在她隔壁班。他们在中国的校园结识，高考过后，一个去了美国，一个去了澳大利亚。

那时候微博刚刚盛行，他们每天发着微博互相提起对方，依然爱得如胶似漆。

他们在微博上互诉衷肠。南北半球的艰难相爱，看起来却美好得令人几欲掉泪。

他们约定毕业后回国工作，林原却因为一份不错的工作，执意要留在澳大利亚。

苏北回国后，所有朋友都觉得可惜：学生时代青梅竹马的爱情，没能从校服换成婚纱，真是太遗憾了！虽然大家表面上不说，却都在心里觉得，这样分隔两地，需要频繁飞行才能见面的爱情太不靠谱，分手只是时间问题。

苏北却秉承她一贯的作风，对这份爱情充满自信：你们都说我们没有未来，可是我认为未来有无限可能啊！

3.

即使后来微博不那么盛行，我的微博首页依然能刷出他们相爱的证明。

苏北常常转发一些温暖的小漫画，然后"@"陈原，两个人在留言里情不自禁地卿卿我我，彼此间的爱意仍像几年前一样满得溢出来。

后来和苏北偶有联系，每次通话聊起陈原，我总担心她会说出"我们已经分手了"，还好，苏北每次都甜甜地回应我"我们还在一起啊"。

我不知道这种两个人分别在北半球和南半球，一年一见的日子算不算"在一起"，但却能看到，他们真的非常认真纯粹地相爱着。

苏北的家庭是普通工薪阶层，没能力负担她巨额的移民费用。其间，苏北就专注于准备澳大利亚技术移民。她大学的专业是会计，这个专业对技术移民的要求非常高。在无数个深夜里，苏北一边备战雅思，一边发着朋友圈：什么时候才是个头啊。刚发不久，就能看到陈原逆着时差的安慰。

陈原总是说，没事，我们一起努力，总有一天能到同一个地方的。

天南地北，一句温暖的语言似乎就能聊以安慰。

两三年后的某天，我在苏北的朋友圈里看到她和陈原的自拍，背景是中文招牌的小店和典型的黄种人面孔。

我问苏北："陈原回国了吗？这回待多久？"

苏北笑笑说："他回来就不走啦！"

后来才知道，陈原在工作两年后得到了单位外派的机会，他也把握住机会，直接调职到中国的分公司。

4.

在爱情里，我们旺盛的想象力似乎总能找到合适生长的土壤。矛盾越来越凸显，他身边的漂亮姑娘层出不穷，他的呵护越来越少，所以我们总是想象着对方经受不住诱惑。

"异地恋"似乎越来越普遍，我们越来越习惯不固守一个地方生活，却希望爱情在同一个地方生根发芽，总怕"橘生淮南则为橘，生于淮北则为枳"。

随着社会发展，我们开始能听到更多的声音。他们在耳畔议论着、激辩着，评说着你的爱情里的好与坏。有人随口说"分开吧，你们不合适"，于是你就乖乖地听了。

诸如此类的想象，你有过吗？

借他人之名毁掉本就不牢固的爱情根基，这本就傻得冒泡。但若本来深爱，就不要再找什么借口，去提前封杀爱情。因为"想象"而结束的爱情，多得不计其数。

所有的"但是""应该""可能"，明明都还没有发生过啊。何必因为可能发生但尚未发生的磨难，去否定苦心经营而来的爱情，因为内心缺乏安全感提前宣布爱情的夭折。

把生活中缺乏的想象都用在爱情上，试图打败自己的爱情，是多么不明智啊。

你还年纪轻轻，不是行将就木，时不我待，并不囿于年龄之限，好歹试一试才知究竟。

5.

当然，年轻的爱情充满不稳定性，不好的可能性更容易发生。可是，正因为年轻，才有更多峰回路转的机会，两个人朝同一个方向努力，修成正果也并非不可能。

就拿异地恋来说，他读研之后，可以想尽办法来到你的城市来工作，你也可以在积攒了一定的工作经验之后跳槽到他的城市，这世界上有什么东西是不可以舍弃的吗？除非是你们之间的爱情尚不值得这份舍弃。

有句广泛流传的话说"大学的爱情只能爱到毕业"。毕业季也是分手季，毕业了，一切都在如火如荼展开，甚至有很多人都还没有开始真正地面对爱情的难题，就考虑着未来可能发生的种种不幸，寻找原因要分开，这才是真正的大不幸。

苏北和陈原这个月就要结婚了，婚礼上大概会有新娘在美国的朋友和新郎在澳大利亚的兄弟。这才是异地恋的正确打开方式。你们那儿山东混山西，湖南混湖北，隔个山隔个湖的，快收起你们的想象力，给我乖乖地在一起。

我妈说"我宁愿你离婚也要嫁一次"

丹宁是我在剧团时的同事，29 岁的她已经被列入了被催婚的队伍。

母亲看着身边的人都开始抱孙子，急得像热锅上的蚂蚁。于是就背着丹宁开始在相亲市场进行广泛性捕捞，想让女儿马上能领回来一个。

本来丹宁就对相亲这件事不太情愿，正好她的闺密赶在年前离婚，她干脆和母亲撕破脸，闹了一场。

丹宁和她妈谈起这件事情就忍不住感慨："你每天让我放低标准找一个人，找一个人凑合很容易？如果像这样最后还是离婚，那我宁愿不婚。"

她妈正在厨房里斩排骨，声音伴着剁肉声一字一字地传出来："你怎么就不明白呢？我宁愿你离婚，都不愿意你一次都没有嫁出去过。"

你读了一个还算不错的大学，找到了一份过得去的工作。你文能纵情风花雪月，武能通宵赶项目进度。但你 30 岁单身，在你妈妈眼里就比不上一个婚姻不幸福的女人。

前段时间看《非诚勿扰》，上来一个男嘉宾，各种条件都很不错，相貌谈吐俱佳，有车有房有事业，就是年龄稍长了一点。他谈到现在的年龄，相亲的时候都不敢对女方说自己是未婚，宁可说自己是离过婚的。

主持人问台下女嘉宾的意见，假如我有一个大龄优质男士摆在你的面前，一个是离过婚的，一个没结婚的，你会下意识地选哪一个？

女嘉宾几乎都选择离婚的，因为担心"这么大年纪没有结过婚会有什么问题"。

有人担心他是不是有某种生理或心理的缺陷，有人害怕他曾有过一段刻骨铭心无法忘却的感情，还有人怀疑他内心是不是抗拒婚姻。

都说婚姻对于女性比之于男性要更为严苛。

我不愿意把"我宁愿你离婚也至少要嫁出去一次"看成母亲对女儿的贬低，我更认同她是过来人的"护犊"。但就算动物，农耕年代的护犊，到了工业社会未必可行。

25、26 岁的姑娘，身边即使没有个蜂飞蝶舞，也缺不了一两个追求者。而我见过许多人匆匆跨入婚姻仅仅源于——"因为他对我好"。

可婚姻维系不能仅仅是"对我好"三个字。曾经看过一个理论：女人总在夸另一半优点的时候，会习惯提及"对我好"或是"他很喜欢我"。可是，"对你好"只能证明你有足够多的优点吸引到他，这是证明了你的魅力，而不是他的优点。

所谓对方的优点，应该是他身上有足以吸引你的特质，而不是对你好。

就像三毛选择荷西时曾经说过的一段话，大意是"我们结合的最初，不过是希望结伴同行，双方对彼此都没有过分的要求和占领。我选荷西，并不是为了安全感，更不是为了怕单身一辈子，而是因为这两件事于我个人，都算不得太严重"。

我有足够的自信能自我陪伴，不需要因为害怕孤独而四处寻人饲养。**我做好了万全准备随时抓住对的人。如果暂时不幸运，没有出现一个让我预见到未来美好的人，不是我选择了单身，而是单身选择了我。**

如果终点都是不幸福，那途中是一帆风顺，还是蜿蜒曲折，又有什么差别呢？

喜欢左先生的人，
这辈子都不会嫁给右先生

你们听说过左先生和右先生的故事吗？

之前在朋友圈里看到一组被疯狂转发的长图。图片讲的是两名男子——左先生和右先生——在不同场合是如何对待爱情的。

你加班时，左先生会说："辛苦了，再忙也要记得吃东西。"右先生会说："给你叫了外卖，抽空吃。"

你出差时，左先生会说："一个人在外，要好好照顾自己。"右先生会说："航班号和酒店地址我记下了，打车前把车牌号发给我。"

找工作碰壁时，左先生会说："加油！相信自己下一次一定行！"右先生会说："简历发来瞅瞅。对了，最近我在网上看 ×× 集团在校招，要不要试试？"

女孩们开始假想要做出一个艰难的选择：是要选择左先生还是

右先生呢？

有人开始迫不及待地下定论：左先生适合做情人，右先生适合当丈夫。或者是：你可以和左先生谈恋爱，但一定要嫁给右先生。

我实在是不能理解这种总要把"相处得愉快的人"和"最后嫁的人"强行分开的想法。

对于左先生、右先生的选择哪有那么想当然。你以为每天吃惯了大鱼大肉的，能那么容易习惯清粥小菜的健康生活？

你以为每天规规矩矩支棱着领子、系好盘扣才能出门的，哪天牙齿一咬就能把旗袍开衩到腰上？

路都是自己一脚一脚踩出来的，人们所说的性格决定命运并不是没有道理。

"玩够了找个老实人嫁了。"可你不知道，吃这套的人可能这辈子就是吃这套。

一个亲戚家的小阿姨年轻的时候据说好看得不行，是众多"小开"的梦中情人。

她会跳舞，一身温香软玉，会贴假睫毛，垫那时候时兴的高耸的肩垫。瑜伽刚刚在中国流行起来的时候，中央电视台每天早晚会放一段三十分钟的瑜伽短片。小阿姨就买来录像机，把它拍下来弄成又厚又宽的录像带。

就这件事，在我们这个不大的小城里被邻里街坊口口相传，让她变成 90 年代的头号潮人。

她年近 30，终于心不甘情不愿地在家人的劝说下，嫁给了一位标准的右先生。

右先生人很好，在公职单位工作。每天小日子过得有滋有味，对妻子倍加呵护。

可是，这个枕边的男人更关心她的衣食住行，解决所有现实的问题，她收获不到甜言蜜语，连偶尔的撒娇都被嗤之以鼻。

小阿姨原以为自己总有一天会长成踏实稳重的右小姐，可她原来是那么喜欢听甜言蜜语，就是老了，也是一个喜欢听甜言蜜语的老太婆啊。

心里喜欢左先生的人，就算最后嫁给右先生也不会感觉幸福的。

对于喜欢的人，他还没拿出套路，你早就被吃定了，迫不及待地缴枪投降，谁还顾得上用脑子能分出个左右来，把男人分成左先生和右先生，分成一种绅士雅致、有趣健谈却如同无脚鸟一般无法落定的男人和一种毫无情趣、呆若木鸡却能够稳重踏实地经营生活的男人。

跟在第一种男人背后接盘，老实人招你惹你了？

有趣的人都能把自己的日子伺弄得那么好看，怎么就不能安安心心过日子了？

情感没有是非黑白，只有源于内心的一票否决。被这种毫无意义的标签化影响到的择偶观, 本身才是最不稳定的。

就像在很多男生心里, 也将女人分成泾渭分明的左女人和右女人。左女人每日醉生梦死, 是最佳情人。右女人从不放浪形骸, 是贤妻良母。

一旦做了这个设定, 世界上便没有了既风情可爱又投入生活的好姑娘, 全变成了没毛的小兔子和抓不住的野狐狸。

但凡遇到一个人, 有些人总先在心中验算完一遍又一遍, 以割裂他和另外一类同性的关系。所以总能听到一些这样的定论:

"他身上有刺青, 肯定很混。"

"你看他长得这个实诚的样子, 那孩子八成不是他的。"

"她每天在朋友圈里晒健身, 就是想吸引别人注意。"

"你看她旅游都不带老公孩子, 结了婚还一个人在外面乱跑, 一定是婚姻出了什么问题。"

……

有些人享受着这种洞悉规则的快感, 却恰恰最不了解自己。

如果说左先生和右先生理论的存在还有什么意义的话, 那么, 我觉得它更像是一个"自查表"。

所有靠"左"一些的姑娘小伙子都能够多往"右"走一点, 表现得更具安全感。

所有不喜动的、站在"右"边的姑娘小伙子多往中间拢一拢，活得更丰盛、主动。

这倒不是因为他们现在站立的位置有什么不好，只是每一个人的成长都具备不确定性，就像要在一个方格里画一个正圆，永远也占不满全部，只有去包容更新的领域，才有机会观察到更好的自己。

没嫁给爱情的女人也过得很幸福

1.

前几天看到一则消息，武汉的一位妈妈在论坛上发了个帖子。

她在帖子里说，她的孩子已经 7 岁了，正是爱跑跑跳跳的年龄。她想让孩子穿好点的鞋子，攒钱给孩子买双耐克。但是老公心疼钱，认为孩子正值成长期，脚长得快，买了穿不久，不值当买太好。他当场甩脸，两个人因此吵得不可开交。

看着这个帖子，突然想起时下很流行的一句话——原以为自己嫁给了爱情，到头来却败给了进口奶粉和请不起的月嫂。

前几天和闺密聊起，那些不是冲着嫁给爱情去的人，似乎都过得挺滋润的。读书的时候，我们有一个共同朋友，家里算是小康水平。毕业后上班远，父母二话没说就给她买了豪华代步车。

她原本有个交往两年的男朋友，到了谈婚论嫁的地步却因为彩礼问题发生了矛盾。男方撒娇一样地哄她："我没想到你会提彩礼，你也知道我没存什么钱，我们已经都走到这一步了，直接结婚不行吗？"

我们都以为这对于家境不错的朋友来说，只是眨眨眼就能过去的小事，没想到两人就此分开。

我们都替朋友惋惜，倒是她道出实情："我真正决定离开的原因并不是这笔彩礼钱。他从没想过要给彩礼，对未来的生活没有丝毫准备，才是最可怕的。"

后来朋友结识了新男友，男方经济也不算突出，但求婚前就已经挑选好楼盘，准备了首付金，准备好了礼金。婚后女方就把礼金钱存下来做家庭基金，两个人一起还房贷，未来可期。

2.

一个人清贫，能照常过日子，但两个人一起清贫的话，就会互生厌恶。

不嫁给爱情，并不是让你完全走向爱情的反面，而是想告诉你：你是赚1000块的人，遇到了那个有10块钱却能在你身上花9块的人，你觉得很感动，忍不住下一秒就以身相许。可是你完全可以再等一等，找到一个赚1000块却能在你身上花900块的人。

他们的爱是对等的，但基数是不同的。

有人说，女生们宁愿坐宝马里哭也不愿意坐自行车上笑，这个非黑即白的对比太莫名其妙了。现实是，有些人不仅骑辆破自行车，还天天让女生哭。

曾经有一次在自家楼下的小餐馆看到一对年轻的夫妻。女人穿得不算光鲜，但至少整齐干净。男人穿着皱巴巴的上衣，领子卷成一团。

两人点的是店里的平价小菜，才刚刚坐定，男人就开始不停地抱怨："叫你早点起来做饭，你偏要赖床，搞得现在要跑到外面吃，你看这一顿下来50多块钱，多浪费。你这么有钱啊？"

他越说越愤怒，嗓门也越来越大。同桌的女人低着头一声不吭，好像自己真的做错了什么，扒着饭一口一口往嘴里送。我不知道，她此刻有没有后悔当初的决定。

3.

要玫瑰还是面包，本来就不是一道单选题。

你值得托付的那个人，一定是在手拿玫瑰的同时，也努力准备着面包。

好的爱情，既需要玫瑰又需要面包，甚至面包还要比玫瑰重要一点点。没有玫瑰，你还能拎着面包寻找花园。但没有面包，你可能就要手拿玫瑰饿死在黎明之前，还有可能在饥饿之际狠心将玫瑰全换成面包。

与其在一晌贪欢后，任由物质的缺乏一天一天地消磨着情感。不如在决定嫁给爱情之前，腾出更多时间来观察对方的上进心、看他为未来规划的能力、确认他的资产来源，以及是否有长线发展的能力。

一个对自己"有要求、有底线"的人，爱情和生活的试卷通常都不会答得太差。

成熟的女生选择对象，
应该考虑这三点

前几天，朋友和我讨论起一个问题："嫁给爱情是很好，但不是所有人都有这样的运气。如果我们不能完全嫁给爱情，我们应该嫁给什么？"

假如我现在只有 16 岁，我想我会毫不犹豫地回答他，他要有 180 厘米的身高、一副好皮囊、一个有趣的灵魂……

16 岁嘛，怕什么，只需要一个人在我耳边吹吹风，搔搔痒就好了。就好像 16 岁的郭襄第一次遇到杨过，三支金针、一场烟花就足以够收买怦怦乱跳的少女心。

但如今，早已过了耳听爱情的年纪，更见惯了烟花过后的深深叹息。今天我想聊聊，成熟的女生选择对象，应该考虑哪几点。

一、他是一个什么样的人

我认识的一个女生，90后，婚龄一年。八月份刚办完了离婚手续。

离婚的理由是男方在妻子孕期去外地密会前女友，次数令人咋舌。但就算这样，男方也没有丝毫内疚的意思，离婚时想方设法地转移共同财产。女生带过去的金银细软，也被以各种理由留在婆家。

女生这才知道，男方早在结婚前就将离婚后的种种进行了计算，确保自己的利益最大化。

直到离婚后，女生才将这些事开诚布公地告诉我们。大家听了无不诧异，问她当初为什么会和这样一个男人一起恋爱"小长跑"了四年。

她说："我怎么可能想到他会和前女友在一起？早几年和我在一起的时候，他把前女友描述成一个始乱终弃的女人，甚至为了和我在一起，还打了他前女友一耳光。

"那时候他在单位里和同事关系不好，但对我格外关照，每天都会记得给我带早餐，在生理期还会记得给我送红糖水。"

女孩子小时候或多或少都做过这样的梦，有一个男人宁负天下人千万次，撇下江山宏图，也从不负你。

但江山易改，本性难移，当生活以摧枯拉朽之势磨损完爱情，你还有什么可傍身？

在被爱情冲昏头脑的时候，很多姑娘都不太关注另一半到底是一个什么样的人，觉得只要他对自己好就行了。

他和父母的关系是否融洽？和朋友、同事的关系如何？他在小卖部买完东西会不会随口说声谢谢？他会不会对雨天送餐晚点的快递员破口大骂？……

对于这些问题，姑娘们咋舌：这和我有什么关系？我又不是学校教导主任？可是这些，与此刻的爱无关，与永恒的爱有关。

他的口吐莲花之下，潜藏着一个什么样的灵魂，是远比爱不爱你更需要关注的事。你必须要事无巨细地回忆他和你相处中不经意露出的"最狰狞丑陋的一面"，这可能会使你汗毛直立，但你必须做一遍，确保他的人品足够负担你的下半生。

二、相处是否愉快，三观是否兼容

我的发小葡萄一直坚持在相亲见面之前，应该先在网络上对对方做一个基本的了解。这源于她之前的一段不愉快的恋爱体验。

葡萄的初恋是家人介绍的，二人初次见面约好在下午 5:30，葡萄特意早到了 15 分钟，结果对方迟到了将近半个小时。

之后沟通的全程，对方都不停地提起自己如何艰苦求学，最后考上了某所 211 高校的研究生，丝毫不关心葡萄的兴趣爱好。

因为条件相称，葡萄和对方相处了两个月。但这两个月对葡萄来说，简直是度日如年。

两人一起逛街。葡萄想在能力范围之内，给自己添置几件稍微好一些的衣服。对方却觉得衣服能穿就行，大品牌和地摊货都是一样穿。

两人搭伙吃饭。葡萄问对方想吃什么，对方说吃什么都行，然后否定了葡萄的每一次建议。最后两人又去了男方熟悉的店，吃了"周末买一送一"的套餐。

两人共度假期。葡萄才兴致勃勃地规划去旅游，对方就拿出微博上的新闻对她说"新闻上都说了，黄金周去哪里都是看人海，不如在家看电视"。

两个人的相处，好似从单人的赛跑场进入了"两人三足"的赛场。方向一致了，尚且可以将就。若方向相悖，共同跑到终点的机会就微乎其微了。

谈恋爱，本身就是寻找同道中人的过程。只有势均力敌、三观一致的两个人，余生才可能都是爱情。

三、他能给我提供什么价值

我认识一对夫妻，两人都是法学院毕业的高才生。女的是他们专业的佼佼者，毕业后进入了一家大公司。初入职场，就赶上公司大项目，结果因为效率低被点名批评。

她回去向老公抱怨了几句，老公当机立断就让她递了辞呈。这本来是新人成长的最佳时机，姑娘却稀里糊涂地放弃了这份工作，到了老公认为不会有压力的小公司。

后来老公自立门户组建工作室，认为妻子的工作环境太差，干脆让她辞职，加入他的麾下。

朋友跟我说起这件事情差不多是在一年多前，在场的女孩们都听得两眼泛光。毕竟被老公金屋藏娇，是其他女孩羡慕不来的。

可再后来，听到这件事情又是另一番模样。

两个人婚后一直没孩子，丈夫颇有微词，对她态度开始冷淡。她为了避免尴尬另谋工作，却发现长久以来的工作节奏让她更习惯作为"某个人的太太"，而不是员工。

她缺乏时间观念，因为当初丈夫说，上下班打卡的都不是好公司，你趁早离开它。

她无法服从集体的安排，因为当初丈夫说，你这一辈子想做什么就做什么。

这时候她才发现，自己的人生已经在不知不觉中被社会落下好远。

怎么去判断一个人是不是找对了？

你可以试着问自己一个问题：和他在一起之后，我的人生是不

是至少有一个方面是向前走了？

我是不是情绪管理上有所进步，内心的安全感厚重许多？

我是不是有机会不断发展自己的能力，有了更多更广泛的兴趣？

或者更简单的：我是不是比以前开心很多？

情绪价值、物质价值……能悉数满足固然好，但能满足其中一二亦可考虑。

其实各种人际关系里都附带价值关系。这些直接的价值，带来直接的诱惑，就像是一种"精神荷尔蒙"。

我们常说在爱情里寻求"互补"关系，其实是"交换价值"。我在你身上取我所没有的，你在我身上取你所没有的。

当你发现两人在相处的一段时间里，你的人生完全停滞不前，那你就要审视这段关系是否应该存在了。

我不是眼光太高，只是底线感够强

1.

朋友大年向我叙述了她最近一次的相亲失败经历。

男方是亲戚介绍的，可以说是知根知底的。对方特意把初见地点选在了大年工作室附近的高档咖啡厅，看得出来也是用了心的。

最先出问题的是约时间。

大年学的是美术，毕业之后自己开了一家工作室，工作时间和私人时间几乎是不分离的。这种自由职业时间还算可控，所以那几天大年完全可以不安排事情抽出时间来约会，可是她照旧工作，将见面时间定在了比较晚的时候。

对方这个时候已经有点不高兴了，可是大年有她自己的理由："我就是想让他知道我的工作状态，我不希望他看到的是一个专门为他腾出时间的我。我很清楚，就算我在热恋期做到了，这也不可能是我一生的状态。"

初次见面，女孩子表现出无欲无求的乖巧，大年则单刀直入："我需要有鲜花的爱情，我缺乏浪漫就不能成活。"

而对方是一个传统家庭出来的男孩子，当即瞪大了眼睛，摆出一副"你是来砸场子的吗"的表情。

2.

其实在此之前，大年已经乐此不疲地把她多次失败的相亲经历告知我，美其名曰"让你多点素材可写"。

其实她所有的相亲失败的原因几乎都是同出一辙。在爱情里屡屡受挫的往往是大年这样"底线感"太强的姑娘。

她们明明条件很好、品貌兼优，旁人想不出什么令她们单身的理由，就只好指责她们"眼光太高""眼睛长在天上，谁都看不上"。

可别人误解了，这类姑娘并不是在追求"上限"，而是在保护"底线"。她们往往在很年轻时就洞悉自己想要什么，内心使用排除法的次数就更多。踩线扣五分，近线扣三分，越线扣十分……一个人合不合适，近身十步以内就能了然于心。

并且她们很清楚"虽然我可以为你而改变，但我不确保自己一定会变成你想要的模样"，所以总是提前向对方描摹自己想要的生活状态。这种生活状态当然不是大部分男性可以接受的。

很多男性理想中的另一半都长着一张单纯的少女脸，拥有经过无害化处理的聪明，能对未知的生活时时刻刻献上一句"You jump，I jump"。

但不得不承认，热恋期的我们常常高估了爱情，觉得它足够摧毁习惯性的行为方式和对未来生活的规划。或许有这样的个例，但对大部分人来说，这很难。

3.

如果你留心观察这样的姑娘，会发现她们恰恰是爱情里的小机灵。

有人说，成年人的爱情从一开始就是谎言，但坦诚底线，会帮你过滤掉不合适的对象。

一个刚刚离婚的 90 后姑娘就说了自己的经历。

她前夫是她学生时代同社团的男神。几次合作下来，她隐约感觉到，男神喜欢文静上进的女孩。

从那以后她都以元气满满的形象去见男神。偶尔受了委屈，撒娇也要数着秒钟停止。男神不喜欢女生猜忌小气，她就绝口不提女生之间的鸡零狗碎。

聊到生活时，她刻意避过显得自己太有主见的事件，把自己打造成一个早睡早起、从不在外过夜的乖宝宝人设。后来双方见家长，她还特意叮嘱爸妈"别把我周末总睡到下午的事情告诉他"。

直到婚后，她开始忍不住要做一些让自己舒服的事情，也显示出了其极强的规划性。这让对方很不适应，对他来说，这无异于接受一个全新的人。

选择回归自我，就等于打破了男神对家庭生活的期待。但保持现状，自己又是看不到头的艰辛。她说，到了这时候，自己才明白为什么老一辈的人说，有些缘分是强求不来的。

相爱不等于相处，单方有所求的爱情是很好实现的，难的是各取所需。

好的爱情恰恰不应该是电光火石，而是一开始就能够互相所有裨益。虽然听起来很像是多了几分利益纠葛的薄情，却总比在婚姻里峰回路转几百次才发现所爱非人来得强。

底线感强的姑娘不必抱怨爱情来得太晚，按图索骥总是比随波逐流要来得困难。上帝为每个人准备了最对的那个人，来得晚些未尝不是好事。

Chapter 6

万物生长，
何曾顾及他人目光

普通家庭的姑娘要是有文艺理想，会变成什么样？

1.

前几天，我在线下开了个讲座，遇到一个女孩子。她穿着灰色的阔腿裤，戴着一顶羊毛画家帽，长得黑瘦却很耐看。

她说，自己的家境普通，以前没有机会培养兴趣爱好。工作后第一个月，她把她的工资全数交给了家里。到了第二个月，她决定除了必要的生活开支外，开始存一笔"理想基金"。

她有很多想要学的东西，插画、拉丁舞、手鼓，这些都在她领了第二个月的工资后被排上了日程。与此同时，她还要应付父母不断地催促：早点相亲，早点结婚，早点在小城里买个房子，……总之，做点所谓的"正经事儿"。

她的堂姐刚刚离婚，堂姐的父母便张罗着把她嫁给一个微秃的胖老板，理由是"他有车有房没孩子，还愿意娶一个离异的，有机会遇到条件这么好的，你还不快点抓住机会"。

姑娘开始怀疑自己的"理想基金"是不是有存在的必要，也渐渐开始怕被人称作文艺青年，这就像是一句骂人的话，太刺耳，在听惯了风花雪月的耳朵里面一分钟也搁不住。

普通家庭的姑娘本来有踏踏实实的小日子过着，一混进文化圈里，便腹背受敌，仿佛生来就是要挨揍的命。

她问我，该不该放弃理想？又问我，一个普通家庭的女孩是不是很难维持文艺理想？

2.

我想了想，告诉她，很难，真的，特别难。

我也是普通家庭出生的姑娘，我们赖以生存的家宅，是辛辛苦苦还了好多年房贷才积攒下来的。

大三那年我就去招聘会上了解情况。医学院的招聘会上只有几个摊位，我在每一个相关的单位前驻足。然后发现每个岗位都大同小异，除了医院名称，剩下的写的都是"工资面议"。

我开始给自己洗脑，要投入安稳的生活。

每个普通家庭的姑娘似乎都有这样一个挣扎在理想和现实之间的时刻，但也不会持续多久，因为温饱对我们来说远比诗和远方重要得多。

六月份毕业，我在一月份就找到了工作。那时候我有一种执念，似乎在安稳之后，接踵而至的才会是美好的生活。

被通知回去上班的时候，我还在横店的剧组。那时候正好有个剧组在安徽拍戏，相熟的灯光哥哥就问我要不要跟他们一起去安徽。"你不是也在写剧本吗？搞不好有机会将它搬上荧屏呢。"

我笑笑说，算了吧，还要回去工作呢。

3.

那时候我就已经在写稿了，写很多赚钱的稿子：文案、电视剧本、商业稿……五花八门。靠文艺生活很难，但过文艺的生活很简单。我们的生活中充满着"被妥协"，我庆幸尚保留着一些小小的坚持。

记得那时候，我接到了一个一线品牌的空气净化器文案创作。我在一个空气质量全国前三名的城市里琢磨着稿件，到了第三稿还是无法令甲方满意。

甲方说，要让别人感觉用上这个净化器，就算是过上了精英阶层的生活。

我心想，可是我也没过过那种生活啊。

遇到迈不过去的坎的时候，我咬咬牙问自己：哪怕你终究要变成一个碌碌无为的人，为什么一定要选择在今天呢？

我在今天多写的这一份稿子，就让我的今天和别人的今天有了一点不同，即便它是如此不引人注目。

正是这些渺小如细沙的坚持，让我走上了自由写作之路。

4.

后来，我遇见过，农村出身现在开了烘焙店的姑娘，上了大学后就不停打工、做油画辅导的大学生，以及一边喂奶一边做着"一周一本书"领读的作者妈妈。

谈起文艺理想，大家都曾经拥有过并失去过。有人因为家境不允许，直到高中才有机会正式接触绘画。有的人曾想考中文系，为了将来好找工作，最后报了工科专业。而如今以烘焙为生的姑娘，在上大学之前甚至连烤箱是什么样都不知道。大家走到这一步都谈不上天赋异禀，多是兴趣使然。看似在离梦想最近的地方放弃了梦想，但它只是化作小雨微风重回了生活。

普通家庭的姑娘们要面对的事儿太多了。家人依仗着你，有无数人催促着你去料理情感和奋斗未来，唯独没有人催促你去成长自己。

可是你自己不能忘记。你要将生活的杂事先整理好，不让它堆积在你的生命里。然后再无畏、放心地把工具搁在一旁，才有机会见到文艺的端倪。

我现在甚至有点庆幸，当年的任性里夹带着一点儿认清责任后的理智。这让我能在衣食无忧后，能和这个不太温暖的世界继续和睦相处。

人生中最幸福的事莫过于你的兴趣正好能够养活你，虽然偶尔吃糠咽菜，但大部分时候，热爱还是能将你养成一个白胖闺女。

没必要在一切都还有转机的时候，急切地扑灭生活的渴望。

如果不能靠文艺过活，不如就先文艺地生活。

美术老师的手提包

我的中学时代是在本地的农民工子弟学校度过的。

除了逢年过节会有"送温暖"的团队到我们学校资助贫困生外，这个排名总是吊车尾的学校，几乎全年无人问津。

我上中学时，学校操场还没有铺橡胶地板，冬天跑起来会有满嘴的风沙。

上体育课的时候，老师总是不耐烦地说："你们到楼后面站一会儿吧。"因为没有场地，所有人都只能乖乖地抱着球在窄小的楼间通道里来回滚。对于我们这群力气没处使的猴孩子来说，一节课45分钟是枯燥而乏味的。

但这符合大多数人对农民工子弟学校的理解——孩子能有书读就不错了，还谈什么艺术和体育教育。

我们学校有个美术老师，姓陈。她教我们的时候，30岁出头，没结婚，养着一只叫 Bobby 的哈巴狗，她喜欢穿颜色鲜艳的棉麻衣服、戴夸张的大耳环。在我们这个小城里算是异类。

她的办公桌上除了作业本以外，一年四季都摆着最新一期的《昕薇》和《悦己》。每当她带着一身脂粉味远远走过，牵着孩子的家长表面上问好，背地里却说："瞧那个 30 岁还不结婚的剩女。"

小城里的人不惮用最恶毒的言语来攻击她，因为她不恼也不辩解。

家长间传着她的风言风语。有人说，看见她从一个男人的车上走下来。另一个人就回应道，可不是嘛，30 多岁的老姑娘，还穿成小姑娘似的，不知羞。周围发出一片"啧啧啧"的声音，其中裹挟着心照不宣，就好像大家都亲眼看见了似的。

她不管那些流言蜚语，依然我行我素，衣服的颜色愈加妖艳浓烈，远看就像一团熊熊燃烧的火。

在我们这所农民工子弟学校里，从没有见过她这么固执的美术老师。快要期末考试的时候，数学老师想占用美术课评讲试卷。

"排的是我的课。"她霸着讲台不肯下来，抱着一沓卷子的数学老师只得悻悻地退出教室。

我们很少见到美术老师生气，唯一的一次是美术老师要教我们国画，让我们提前准备工具。

我们班 48 个人，带齐工具的人数只有个位数。

"你们一点都不尊重我的课堂！"美术老师用手指关节敲着

课桌。她是真的恼了，每一个毛孔都在发怒，但每一个动作又都在遏制着自己的情绪："这节课，我不上了！"那时候我们还年少，并不知道是什么导致老师突如其来的愤怒。

美术老师饱受家长的诟病，学生也无法体谅她的美意，就连我们的班主任都有意无意地让我们离那个"奇怪的女老师"远一点。但我真的很喜欢美术老师。

一方面是因为我真的喜欢画画；另一方面是一个难以启齿的原因：我喜欢她铺满办公桌的时尚杂志、艳丽的衣服，以及一个手提包。

美术老师有一个很好看的手提包。包体是撞色的菱格纹，颜色跳脱又扎眼，包带上系着绿白相间的丝巾。

14 岁的我从来没有出过小城，见过的手提包仅限于杂货店的柜台上的包包。那些老旧的款式、拙劣的走线、劣质的包边，完全无法和美术老师的手提包相提并论。

我开始幻想着十年后的自己，也提着这样一个手提包昂首挺胸地走在人群里。我想要和美术老师一模一样的包——这是我 14 岁时说不出口的野心和欲望。

美术老师每节课都会挑选一些名画彩印出来给我们欣赏。其中就有被誉为 20 世纪艺术界最有名的人物之一波普艺术名家安迪·沃霍尔最经典的玛丽莲·梦露画像。

全班的同学都嗤嗤地笑起来。男生们在幻想她的底裤颜色，却又不好意思笑出声来，只能偷偷抿嘴。女孩们在幻想着底裤下纤细白滑的大腿，幻想那是自己十年后的样子。大风吹起的裙底风光，重塑并颠覆着我对美的认知。

那时候的我已经 14 岁了，开始长出微微的乳峰。同班的女生对于这种事情避之不及，越来越多人穿起了松松垮垮的校服，弓着背走路。

为了买到更宽的校服上衣，只能搭配同号码的宽大校裤。女孩们将裤脚卷到脚踝上，然后在雨天后的黄泥操场上把它踩得破破烂烂。

可我不喜欢。我喜欢日式的校服，把身体包裹得紧紧的。照镜子的时候，侧面就好像山峰起伏，格外好看。

我央求母亲把衣服改小一点："衣服大了不好看。"

"什么好看不好看的，小孩子穿衣服就应该舒适嘛！"母亲嘴上这么说，但还是帮我把衣服改小了。

就这样，我成了全班唯一一个穿合身校服的人。

我们学校的课间操是班委们轮流领操的，那段时间恰好轮到我领操，不知道谁传开了"初二 3 班的领操胸那么大还挺着"。跳跃运动的时候，好事小男生盯着我："她跳了，她又要跳了。"每当我跳得稍高一些，人群里就爆发出不怀好意的笑声。

我有些害怕了，好像自己背地里做了什么见不得光的事。我不敢跳，只敢微微地做出一个动作，但背后仍传来一阵哄笑，令我脸红到了脖子根。

我开始恨这套校服。我暗暗发誓回家之后就把它永远压在箱底，再去买一套和大家一样松松垮垮的校服，这样就不会被人取笑。

那天下午，我去办公室拿美术作业。和往常一样，全班 48 个人，只有 20 个人交了作业。

美术老师正接电话，让我先坐在她的座位上等一下。我坐在她的座位上，穿着改小的校服，而梦想的手提包近在眼前。我忍不住伸手偷偷摸了摸。手感是沙沙的，和母亲在折扣店买的几十块一个的包完全不一样。做完这蓄谋已久的一切，我感觉自己就像一个得偿所愿的小偷。

美术老师打电话回来，余光瞥到我改小的校服。

"改得好看。"她不经意地说。

就这短短四个字，好像敲在我的心上，给我注入力量。"尽管我和别人不同，但我是好看的、是漂亮的、是令人欣赏的……"这个从未有过的念头，突如其来地冲进了我的脑海里。

我战战兢兢地说了一句一直想说的话："老师的包真好看啊，我也很想拥有一个。"

"这个包很难买到了，"她拿作业本的手在半空中停了几秒，好像从未想过有人能欣赏她的品位，"你很喜欢吗？"

听到这句话，我掩不住失望，但仍木讷地点了点头。她像是个受宠若惊的小孩，还有几分"我也是这么觉得"的得意，随即把包提手上的丝带摘下来，递到我手上："不用失望，虽然买不到，但这个丝巾送给你吧。"

我得到了 14 岁梦想的手提包上的一条丝巾，如同做梦一般。

中考前，我们学校举行了中考百日誓师大会。那天我穿着改小的校服，偷偷地把美术老师给的丝巾系在里面。我昂着头，觉得自己很美。

班主任在台上痛心疾首地说："你们要把头磕破了念啊。我们跟别人拼不了师资，我们拿不到最权威的考题预测。你们只能靠你们自己拼啊……"

我下意识地把手伸进脖子里。丝巾上还有余温，别人看不见，可我可以感觉到它。

此刻的班主任也不再面目可憎，圆乎乎的还有一丁点儿可爱。我抬眼一看，突然有一种神奇的幻觉。班主任的形象就好像安迪·沃霍尔的画，一下子变换出朦朦胧胧的七种颜色。一会儿是铁青的，一会儿是惨白的，一会儿是鲜鲜艳艳的红……

当我开始欣赏自己，我开始觉得整个世界都美得像一件易碎的艺术品。

　　我的中学时代，到现在也已经过去十多年了。

　　前段时间，我有幸受邀参加波普艺术真迹珍藏展的开幕式。揭幕的瞬间，我好像又回到了中学时代的操场上。那个白净消瘦的美术老师，提着绿白相间的手提包站在黄沙漫天的操场上。

　　"无论何时都要坚持自己，而不要因为畏惧人言，而敷衍自己的人生啊！"她伏在我耳边这样说道。

　　她在疲惫的世界里活得像个姿态昂然的女英雄，撞向每一堵不予自己回头机会的墙，哪怕头破血流，也仍然生猛——尽管在那个闭塞年代的学校里，连坚持美都是一件无比困难的事情。

　　但她的的确确用一只手提包，影响了一个 14 岁的女孩。

　　就像电影《熔炉》里说的那样，"我们一路奋战不是为了改变世界，而是为了不被世界改变"。

　　我们终其一生都在努力寻找一个理由，让生命不被最后一根稻草压垮。哪怕一路风尘仆仆，哪怕被人看轻指责，我们仍旧是为了享受美好而活在这个世界上，而不仅仅是在制造"活着"的假象。

什么是最高纯度的少女心

1.

小玉阿姨是我们家的常客。

当我年龄尚小，她也还年纪尚轻的时候，逢年过节，她是常被当作反面典型拎出来的问题少女——不，考虑到年龄问题，应当称之为"问题制造者"。

走亲戚的时候，大家表面和和气气的，转身就对适婚年龄的女儿说："你可长点心哟，趁年轻找个好人家嫁了，别到时候和你小玉阿姨一样，成了没人要的老姑娘。"

我没问过小玉阿姨多大年纪，只记得那时她看上去阳光，笑起来和煦温暖。

2.

我喜欢小玉阿姨胜过其他阿姨，因为她总能变出稀奇古怪的小玩意儿。

六岁生日，她送了我一双儿童高跟鞋。鞋子是从马来西亚买的，火红的绒面绣满马来西亚的特色珠绣。

姥姥特不满意："她还是个小孩子，送点书本文具多好，买这些又贵又没用的东西多不好。"

小玉阿姨贴着我的耳畔说："别管你姥姥说什么，喜欢就穿。"

我喜欢得不得了，不知道多少个夜里，都偷偷爬起来，踩着高跟鞋嗒嗒作响。

过了几年，听说小玉阿姨去了南非，那些早已嫁为人妇的阿姨便纷纷议论她"怕是要嫁给黑鬼了"。

她看南非的服装市场好，就从中国运一些服装到南非卖，经常为了联系国内的批发商，深夜里还在聊着电话。每次回国，她都行色匆匆，可我从来没在她脸上看到过时差带来的疲惫。

但在很多人的议论里，给她的评价依旧是"听说赚了很多钱，但没有家庭怎么行？"

3.

几年后，小玉阿姨回来了，一个人。

当年说她闲话的那些亲戚，抱着孩子来看她。面对假模假样的安慰，小玉阿姨客气地回答："我也挺寂寞，有空来陪陪我吧。"

她买了附近最高档的单身公寓，邀请大家都来坐坐，房子装修典雅，摆件精致。

她在家设了几场饭局，自学了烘焙，餐后请每个人品尝纯色系的翻糖小蛋糕。

她在朋友圈里说看了部电影，想要去印度旅行。第二天带着卡去旅行社一刷，隔日就到了印度。凭着一口流利的外语，与当地人无障碍交流。她特别喜欢摄影，就迅速下手，买了入门的机器和书，像模像样地学起来。

人们都说，人老了，不服老，就会被人讨厌。

这话只适用于一般人。人们讨厌的"不服老"，人们讨厌的"作"，是倚老卖老、倚小卖小，觍着脸寻求他人照料。只要能操办好自己的日子，再怎么作天作地，谁也没有资格管。

4.

那些说小玉阿姨闲话的女子，最终变成了万分羡慕她的人。

她们说："早没看出来小玉的命这么好。"

你看吧，就算到了今天，她们还是不承认，这种区别取决于自己。年轻时幸福的依附，就像温水煮青蛙，总有一日会把自己煮烂，丧失独立能力。没有独立的资本，便无法在人生的转折点骄傲自由地脱身，即使穷途末路，也只能硬着头皮走下去。

而独立，让女人的人生在任何时候都拥有选择权，在任何阶段都能凭心而活，随时随地拥有少女心。

就像小玉阿姨说的："别人的话又算得了什么呢？"

这话的言外之意就是：我就喜欢看你忌妒我却又做不到的样子。

5.

高纯度的少女心不是每日沉浸在 Hello Kitty 的粉红小世界，或者幻想着盖世英雄从天而降，为你拍拍满身尘埃，说一句"救驾来迟，请恕罪"。而是到了某个年纪，依然步履和缓而独立，刚毅而善良。

只有精神和物质上的双重独立，才能确保任何年龄都有资格选择自己想要的生活模式，没有后顾之忧地投入到更加新鲜美好的生活。

真正的少女心，是就算老去，也不会在儿女的故事里，担任无关紧要的配角，依然经营着自己的风花雪月。

到那个时候，当别人指着你骂"公主病""少女心"，你心里清楚，他们是生怕别人与他们不同，如此你就能坦然地面对风刀霜剑昂首挺胸，悠闲地回应道："我就是少女心，你行你上呀！"

6.

少女心是种什么东西，大概就是永远拥有着不切实际的幻梦，眼里每时每刻都冒着星星。50 岁依然爱想爱的人，喝想喝的酒，吃想吃的菜。

少女时的风情万种不算少女心，那是年龄和胶原蛋白撑起来的货真价实的少女。到了七老八十，除却"××妈""××夫人"的称号，别人还愿意尊称她一声"××女士"。能一高兴撒丫子就飞到伦敦喂鸽子，站在人群里像只丹顶鹤似的——这么有劲的人生，才算得上是高纯度少女心啊！

70 岁的外婆说，假如你一辈子不嫁人

放假回家，参加了亲戚间的聚餐。20 多岁女孩参加的亲戚聚会就像个逼婚局。每个人都苦心孤诣地想把你拽到婚姻里去。

"怎么还没有对象？"

"喜欢什么样的？"

"女孩子的黄金期就这几年，过了就不好找了……"

我在一旁忍不住开玩笑说："那我就一辈子不嫁人好了。"

没想到几天后，外婆把我拉到角落很严肃地问："你是不是真的打算一辈子不嫁人了？"

我哭笑不得，准备反驳时外婆很认真地接了下文："你们年轻人这样想没问题，不过你得努力。你要攒一点小钱，一辈子都有米下锅。这辈子没有人会和你一起商量事情，所以你自己要有能耐，什么问题都拿得准。"

我以为外婆会说什么"再不济我也能养着你"之类的话，却没

想老太太就抛给我这么两句简简单单的话。

但这确实小巫见大巫了，我面前的这位老人家，早在 50 年前就已经思考过"如果一辈子不嫁人会怎样"的问题。

外婆年近 30 才嫁给外公，算是那个年代的晚婚女青年。她在国营的食杂店工作，每天早早到柜台把门打开、货物摆好，粮油券从来不搞错。到了晚年，她还常常得意自己当年认真工作被领导嘉奖。

其实她不必夸耀，因为她当年下的那一番苦功夫，到现在仍有迹可循。

外婆文化程度不高，但就凭借那些年锻炼的本事，她读书看报毫无压力，偶尔看政论节目还能评价几句。

外婆还特别会管账。我们算个瓜果价格，还没掏出手机打开计算器，她就算得不差分毫。

她被号召着建设国家的同时，也建设了自己。结果就是，媒人欢天喜地地站在她面前，说着这家小子长那家小子短的。她怒目一瞪，手一指："谁都不要，就要那个长得俊、文化好的。换别人我也不要。"

然后我外公——一个同济大学的英俊大学生就这样被她收入闺中。

我曾一时好奇问过外婆，如果那时候外公不答应怎么办。

"那就等呗，还怕捞不着个好人啊。"她回答得坦坦荡荡，眼里审着一股绝对的自信。

步入婚姻殿堂后，作为工程师，外公一年四季都在出差。外婆常常是一个人在家，从油盐水电到孩子的吃穿用度，全都要打点。

孩子在学校被人欺负，她哼哧哼哧地去找老师评理；家里的灯泡坏了，问问隔壁的工匠李，自己就倒腾亮了。

当别人心疼她"嫁不嫁人一个样"时，她就穿外公从上海买来的的确良裙子招摇地走在大街上——我男人有眼光，买的上海货，好看着呢！

婚姻并没有让她成为任何人的附庸品，能穿上外公买的洋气的确良裙子固然很好，但修家电也不在话下。

那个年代的女人家再怎么厉害在家里还是要干活的，外婆在这点上倒是没有反传统。不过她手上的活没停过，嘴也跟着没停过。

"糟老头子，没有我干活哪个人来养你。"

"你说花钱去请的保姆哪有我做得这么好哟！"

每次外婆干完活，总是说这么几句话，好让自己的劳动价值被看到。在她日复一日的"强调"下，外公从没将她的劳动和"责任义务"四个字挂上钩，而且热衷于向她表达感谢。

外婆比任何人都认可自己所做出的奉献，她做每件事情都向外公摆出一种态度："这是我送给你的礼物，你收到了要记得说谢谢哦。"

很庆幸我们一家人思想开明，才让我在同龄人都在被逼婚的时候，自私地将自己的盔甲打造好，慢慢提升自己存在的价值。

到了一个年龄你会观察到，在婚姻里过得不错的，往往是一开始最不想结婚的那群人，就像我的外婆。

当你打算独自一人面对未来的人生时，你会拥有一种被现实社会逼迫的紧迫感。因为对婚姻的期待不大，反而将所有的期望投放在自己身上，不断拓展人生的边界。走进了婚姻，也可以保证自己的步伐不乱，更不亦步亦趋。

到了最后，这群人反而成了最不忧虑的一群人。

而对爱情怀揣太多期望的人，将自己押宝一样地放进婚姻的筹码里。一旦押宝失误，没了婚姻也少了退路。

我一直记得外婆的那两句话，也希望所有的姑娘们无论嫁与不嫁、什么时候嫁，都不妨碍自己做一个"一辈子有米下锅并能一个人做决定的姑娘"。

别把自己的生活，
轻易交给反对你的人

某个国庆节期间，我认识的一个做自媒体工作的小姑娘从上海回到郊县的家里。

多年不见，亲戚朋友们自然要照例问一问："做什么的？赚多少钱？买房了没？"

姑娘所在的自媒体很有名，但怕同乡不理解，就简单地说在公司做事。工资方面，更是保守地说了个上万块。

结果让她哭笑不得的是，同乡们纷纷痛心疾首地劝解她："女孩子家家的，什么是能干的，什么是不能干的，心里都要清楚，别在外面丢父母的脸。"

父母则是既担忧，又不愿意戳破："要是缺钱了，就回家来拿，别在外面被人占便宜。"

　　她这才意识到，亲戚朋友在私下里都以为她从事了色情行业。这让她既委屈又百口莫辩。

　　那些亲戚们认为，一个低学历的女孩子，在上海这样的大都市里规行矩步地做事，一个月能够赚到万把块钱的唯一途径就是从事色情工作。

　　她把这一经历发在朋友圈里，引起了我们一个共同好友的共鸣。

　　那个姑娘来自北方的县城，现在在北京从事出版行业。

　　从小到大，她见过的所有的人几乎家境都优于她、眼界都大过她。因此她常常因目光短浅而自卑，对未知的世界充满崇拜。

　　可她恰好是个高度敏感的人，具有超人的自省能力。别人的一句无心建议，在她的耳畔会自然转化为"我错了""是我不够了解""是我不够优秀"。

　　她来到北京，就是想从贫瘠土壤里挣扎着爬出来。可当她想做一个决定时，来自家庭的声音都告诉她"你肯定会失败"，然后踩着她的脚，强迫她回去。

　　他的父母最常对她说的话就是："你为什么不能像×××那样？"可是父母口中的×××又在干吗呢？她不过是嫁了一个条件只比自家好一点点的男人，早早地生了一个孩子，不工作，每天围着孩子团团转。

　　姑娘咬咬牙，一直承受着非议也朝着自己想走的路奔去了。几年之后，收获颇丰，不仅有了自己策划的畅销书、涨了工资，还交到了一群 soul mate（灵魂伴侣）的作者好友。

总有人告诉你："你活出界了，赶紧找机会回去吧！"

而这个"界"是主观的。有可能你的"出界"，只是活出了他的眼界、心界而已。

读书的时候，我们和投缘的人拉帮结派，和相处愉快的人共同生活。成年之后，我们成熟了，开始倾听所有人的意见。

我们学会了很多文绉绉的词儿，像是"良药苦口""忠言逆耳"，但事实上，忠言也可以顺耳，好药也可以甜蜜。这个世界并不是非黑即白。

我们总以为长大之后的"兼听则明"才是成熟。但每个人虽然有两只耳朵，能倾听万种声音，最终却只能执行其中一种。

某些时刻，反对的声音或许更刺耳、更有煽动力，就像突然窜起来的小火苗。人人急于灭火，支持你的声音反而因其柔软沉静，而隐没于茫茫人海中，目所不能及。

但你是否曾问过自己：为什么你宁愿把自己的世界拱手让给反对你的人，而不把你的世界交给支持你的人呢？

前几天，我在咖啡厅里写稿，隔壁有一桌人很聒噪，一度让我以为发生了争执。

细听之下才知道，原来其中的一个女孩加盟了最近很红火的一家连锁店，想找亲戚来参谋一下怎么才能做得更好。谁知，周围的两个亲戚苦口婆心地劝她关店。

"你看到的这些都是假象，利润超过这个值肯定是骗人的。"

"有人在后面操盘，你和那些被骗的人如出一辙。"

"还是去找份工作靠谱，创业都是骗人的。不听老人言，可是要吃大亏的！"

小姑娘不知道该怎么辩驳，只能一直提高音量："可是我现在的销售额确实很好啊！"

我远远听着都为她着急：你怎么不想想，那些反对你的人，其实从来没有尝试过走另一条路。如果他有那样的想法，或许早已经过上了你想要的生活。

如果想要听建议，就应该去找那些已经在过着你想要的生活的人。他们才是你人生的最佳导师。去除时势利人的因素，他们总会有一定的经验，可以助你达成想要的生活。

而反对你的人，可能仅仅走马观花地目睹过别人的生活，却想凭借一张嘴否定你的所有努力。

你一定听过小猴子为了捡芝麻而丢了西瓜的故事，可你本就是两手空空的小猴子，还怕丢掉什么呢？

对于 20 几岁的你来说，这一份倔强是你最值得珍惜的资本。你要做的不过是找到那些支持你的声音、那些曾和你做出同样选择的人，并循着他们的方向走下去。

当我老了，也要像他们

1.

在我上大学的时候，去一家美食企业做过兼职。

那家美食公司集团化程度很高，在本地数一数二。创始人已经70岁了，年轻时风里来雨里去创下一份家业，现在让一个儿子管理产业。但她仍每天习惯性地下车间溜达溜达，向熟悉的老员工们问个好。

第一次见创始人是在集团大会上，她紧随儿子之后出场，化着淡淡的妆，短头发大波浪卷。虽然化了妆，离现在流行的日韩妆还是有些距离，看上去像是她那个年纪的人的做派。

但一切都是那么一丝不苟，细腻精致。耳上有银耳环，连揽在耳后的鬓发都服服帖帖。

她一开口就是吴侬软语的腔调，有些嗲气地说："我亲爱的孩子，你们怎么连口红都没涂呢？我今年70岁了，每天早上起来做的第一件事情就是抹口红呢！"

那时候才 21 岁的我，在一个 70 岁的老人面前，却突然看着粗糙的自己自惭形秽起来。

之后她又讲了许多柜台礼仪，比如怎么用双手接过顾客的东西，怎么用婉转的语气拒绝顾客无理的要求，如何给顾客以赏心悦目的形象……

70 岁的她站在我面前，仿佛一只老去的孔雀，高高地竖着它的尾翎，颜色陈旧可仪态还在，你还可以通过它高翘的尾翎，看出它年轻时的高傲模样。

她教会我，就算形容枯槁，也要用一只口红给自己希望的暗示。

那时的我穿着工作服，素面朝天。在最初忙碌时，灰头土脸，还自我安慰是"勤劳"。而我灿若星辰的 21 岁，对生活的精致竟还不如一个 70 岁老人。

2.

大三暑假的时候，我在熟识的导演那儿做场务，遇到一位花甲之年的老人。

刚见面的时候，他穿着戏里角色深草绿色的衬衣，画着老年妆——大概在化妆师眼里，老年装只有一个样子，就是一伸手全都是褐色的老年斑，皱纹深深地嵌进眼角里。

我当时想，他大概已经有 60 岁了吧！这一大把年纪还出来拍戏，还是在农村拍戏，每天得在盘山公路上转悠一两个小时才能到拍摄地，多辛苦啊。

没料到，后面几天，我在车上吐得不行时，一个人过来拍拍我的背。我吐舒服了，抬头一看，是那个穿着深绿色衬衫的老演员。

他开玩笑地说："我这老骨头都能经受得住这折腾，反倒是你个年纪轻轻的小姑娘先吃不消了。"

在现场，他不仅完成演员的工作，还帮道具组贴贴海报，帮灯光组挪动灯位，甚至对我这个小场务也照顾有加，我偶尔迷糊劲来了，弄丢通告单，他也总能帮我找到。

演戏时他对台词一丝不苟，从来没有见到他错过台词。要是对手的演员记不住词儿，他便慈眉善目地看着他，不愠不火。看得你都不好意思在这么高龄的老人面前错下去。

老人说他年轻的时候是自来水厂工人，退休了闲来无事演演戏，了了年少夙愿。

偶尔到了空旷的地方，对着空山高唱一曲 1994 版《三国演义》里的主题曲"是非成败转头空，青山依旧在，几度夕阳红"。

3.

这段时间微博上有老人跳广场舞斗舞，下面有许多评论都在嘲笑，我想，大家并没有什么恶意，是总觉得人到了某个年纪，就该好好在家带孙子，在外抛头露面总归是不好的。

评论中有一句话，让我记忆犹新——"看样子，老太太当年也是个'广场舞界'的扛把子。"

是啊，或许她不是"广场舞界一姐"，但年轻时一定有颗向往美好的心。

当我们遇到"碰瓷大爷""强迫让座的大妈"，我们仗着拥有自媒体的话语权，就讽讽、嘲笑他们倚老卖老，不懂得自尊自重。其实，我们不过是恰好遇到变老的坏人。

那些变老的好人，活得和"老炮儿"似的，别提多敞亮了。

或许他们年轻时没做什么翻云覆雨的事儿，不够格做"老炮儿"，那也算是"老枪""老子弹""老刀把儿"，一手把时间劈得豁亮。

我们的奋力厮杀在他们看来都是些小把戏。在安稳的世间做个纸笔英雄，都不如在乱世里做个缩头小辈来得艰辛啊，也怪不得他们一副蔑视众生的样子。

4.

平日里我看到一些老人学着使用网络用语总是觉得很凄然，他们明明已经度过了属于他们的时代，却要为了附和潮流讲一些不属于他们的话。

后来，我才发现，他们根本不惧。

他们年轻的时候就不惧怕格格不入，瞧不起斤斤计较的少年，老来依然不怕，这胆子是越来越往肥了的养。

他们恪守着自己的规矩，只是这些所谓"规矩"，早也随着时代变迁，变得不入流。

偶尔怀念起往日时光，那时候日子多好过，连吹过来的风都是甜的。

他们赶不上时代的变化，却也瞧不起这污流湍急的时代，年轻人说他偏执，他面上不屑，或许心里更是不屑的：这些后生仔们都是什么玩意儿。却又禁不住地悲怆：俱往矣啊，俱往矣。

我不乐意用"老当益壮"来形容他们，"老"这个词适合于不曾开天辟地的平凡人，不适合用来形容乘风破浪的人。他们那副还叱咤风云的模样，仍旧分毫无改。

英雄，即使老了，还是老英雄啊。

少年，即使老了，也是老少年啊。

最好不过如此：这一波风平浪静了，路过的人们却知道，他们是曾经的涟漪。

　　谢谢他们到了一把年纪还在教会我们怎么一丝不苟地爱着这个世界。等我老了，也要像他们。